化工企业管理与营销丛书

化工企业生产管理

王春来　夏剑锋　◎编著

中国纺织出版社

内 容 提 要

本书采用现代生产管理理论与化工企业生产实践相结合的方法,系统地阐述了化工企业生产管理的基本原理和各项工作。主要内容包括化工生产管理的基础工作、化工生产过程的组织和管理、物资管理、设备管理、安全管理、环境保护、经济核算及劳动管理等。本书既汲取了生产管理理论新成果,又紧密地结合了企业的生产实际,具有很强的实用性。

本书可供从事石油、化工企业生产管理工作的各级管理人员阅读,也可供化工类科研院所工作人员及相关专业大专院校师生阅读。

图书在版编目(CIP)数据

化工企业生产管理/王春来,夏剑锋编著. —北京:中国纺织出版社,2008.6

(化工企业管理与营销丛书)

ISBN 978-7-5064-4954-0

Ⅰ.化… Ⅱ.①王…②夏… Ⅲ.化学工业-工业企业管理:生产管理 Ⅳ.TQF407.762

中国版本图书馆CIP数据核字(2008)第058258号

策划编辑:秦丹红 朱萍萍 责任编辑:魏 萌

责任校对:陈 红 责任设计:李 歆 责任印制:何 艳

中国纺织出版社出版发行

地址:北京东直门南大街6号 邮政编码:100027

邮购电话:010—64168110 传真:010—64168231

http://www.c-textilep.com

E-mail:faxing@c-textilep.com

北京虎彩文化传播有限公司

各地新华书店经销

2008年6月第1版第1次印刷

开本:710×1000 1/16 印张:15.5

字数:236千字 定价:38.00元

Foreword
前言

企业管理的核心是生产管理。化工企业由于其生产具有易燃、易爆、易中毒、高温、高压、有腐蚀等特点，较其他工业部门有更大的危险性。因此，化工企业生产管理较其他工业部门的生产管理的难度更大，其在企业各项职能管理中的作用更重要。

化学工业是国民经济的重要支柱，化工企业的生产方式和产品制造方法正处在不断变革之中，与之相适应的生产管理思想、组织和方法也在不断地发展。

本书系统地介绍了企业管理的基本理论与基本方法，重点突出了化工企业生产管理的实际应用，具有“宽、新、实”的特点：

- “宽”指兼收企业生产管理的优秀方法，力求内容的全面性和系统性。
- “新”指紧跟时代步伐，尽量反映新的理论成果和新的生产实践。
- “实”指适用、实际、实效，理论联系实际，具有很强的可操作性。

本书第一、第二、第三、第五、第六、第七、第八、第十、第十一章由王春来编写，第四、第九章由夏剑锋编写。全书由王春来拟定大纲并统稿。

在编写过程中，王祖山、李先江、罗旺、张明星、李明等同志提供了大量的帮助。在此一并表示衷心地感谢。

本书作者广泛参考了相关的教材和书籍，借鉴和汲取了其他同行的研究成果，在此一并致谢。

由于作者水平有限，书中难免有不妥之处，恳请读者批评指正。

编著者

2008 年 3 月

Contents

目录

第一章

绪　论

第一节　化学工业概述

一、化学工业的概念

广义的化学工业是指生产过程主要表现为化学反应过程或生产化学产品的工业。世界各国所指的化学工业的基本含义相同，但包括的范围却有较大的差异。在我国，化学工业一般理解为包括石油化学工业在内的生产部门。我国化学工业可按三种方式分类：第一种分类方式不受现行管理体制的局限，将化工产品分成19大类，该分类方式与国外化学工业的可比性较大；第二种分类方式是与上述产品基本对应的行业分类，将化学工业分为20个行业；第三种分类方式是国家统计部门在统计工作中对我国化工行业的分类，较粗略，但与国际较通行的分类接近，如表1－1所示。

表1－1　我国化学工业的分类

序　号	按产品分类	按行业分类	统计部门的分类
1	化学矿	化学矿	基本化学原料制造业
2	无机化工原料	无机盐	化学肥料制造业
3	有机化工原料	有机化工原料	化学农药制造业
4	化学肥料	化学肥料	有机化学品制造业
5	农药	化学农药	合成材料制造业
6	高分子聚合物	合成纤维单体	日用化学产品制造业
7	涂料、颜料	涂料、颜料	其他化学工业
8	染料	染料和中间体	医药工业

续表

序　号	按产品分类	按行业分类	统计部门的分类
9	信息用化学品	感光和磁性材料	化学纤维工业
10	试剂	化学试剂	橡胶制品业
11	食品和饲料添加剂	石油化工	塑料制品业
12	合成药品	化学医药	—
13	日用化学品	合成树脂和塑料	—
14	黏合剂	酸、碱	—
15	橡胶和橡塑制品	合成橡胶	—
16	催化剂和助剂	催化剂、试剂和助剂	—
17	火工产品	煤化工	—
18	其他化学产品	橡胶制品	—
19	化工机械	化工机械	—
20	—	化工新型材料	—

化学工业既是加工工业，也是原材料工业，既包括生产资料的生产，也包括生活资料的生产。化学工业的产品包括酸碱、无机盐、基本有机原料、合成橡胶、塑料、合成纤维、农药、染料、涂料和颜料、试剂、感光材料、橡胶制品、新型合成材料等，即称之为“大化工”。

二、化学工业的特点

由于化工生产技术的特殊性，化学产品有别于其他工业产品，因此化学工业具有许多不同于其他工业部门的特点。

1. 装置型工业

化工生产是连续的生产，即物料在整套装置中连续移动，它有别于机械产品、电子产品“离散型”的生产。化工生产装置一般由若干种设备构成为整套装置，生产装置的投资额占总投资的比例很大。一般化工装置投资是生产能力的0.6～0.7次方倍，因而具有装置的规模经济性，新建化工企业尤其要注意进行规模分析，否则极易造成投资失败。

2. 资金密集型工业

装置型工业的特点决定了化学工业是资金密集度较高的工业。例如，扬巴一体化工程投资额达到29亿美元，主要建设项目为年产60万吨乙烯；云南磷复肥工程投资额达38.36亿元人民币，主要建设项目为年产240万吨磷铵。除了一次性投入高外，由于多数化工产品的生产工艺流程较长，流动资金的占用时间也长，化工生产过程又常涉及高温、高压、低温真空、强腐蚀等苛刻条件，设备选用材质往往价格昂贵，设备的维修费常常高于其他工业。

3. 知识密集型工业

化工产品品种繁多，原料路线和工艺技术复杂多样，特别是化工生产朝着自动化程度更高的生产过程发展，这就要求其具有高度的知识和技术密集。这些知识和技术涵盖了企业管理学、化工技术经济、化学工程、化学工艺、自动化、过程装备与控制、土木工程、安全工程、环境工程、工业卫生等众多学科。

4. 高能耗、资源密集型工业

化学工业的能源消耗仅次于冶金工业，而耗电量则居首位。例如，20世纪70年代日本化学工业总产值占全部工业总产值的9.4%，而能耗却占13.3%。在我国，化学工业总产值占全部工业总产值的10.8%（1980～1985年），而能耗却占约20%。能源不仅是化工生产中的动力，也是重要的原料。在化工生产中，原材料费用约占产品成本的60%～70%，其中大部分原料是自然资源，如石油化工的原料是石油，天然气化工的资源是天然气，煤化工的资源是煤，盐化工的资源是盐，磷化工的资源是磷。

5. 多污染工业

化学工业是产生污染最多的部门之一。这是因为许多化工产品生产过程中中间产物多，副产物也多，往往在化学主反应之外，伴随着若干种副反应，而诸多的产物的产生可能导致有害物质排放相应的增多。有一些作为工业原料的化工产品本身对人体健康和生态环境也是有害的，处理不当将对人类和生态环境产生严重影响。防止和治理污染是化学工业所面临的且必须加以有效解决的重要问题。

三、化学工业的地位

化学工业与国民经济各部门有密切的联系，在国民经济中占有十分重要的地位。这与化学学科在自然科学中被称为“中心学科”有类同之处，化学工业的影响涉及农业、工业和国防，其产品与人们的日常生活息息相关。

化学工业为现代农业的发展提供了十分重要的物质条件。化学肥料、农药、农用除草剂、植物生长剂、饲料添加剂、农用薄膜等已成为现代化农业必不可少的生产资料。

化学工业为其他的工业部门提供了大量的基本原料和材料。化学合成纤维、染料、纺织助剂等均是纺织工业的基本原料。化学工业生产的塑料、合成橡胶和其他合成材料，也是许多工业部门必需的基本原材料、半导体材料、磁记录材料、感光材料和其他特殊功能材料等，为现代科技的发展提供了重要的基础条件。化学工业在新能源的开发利用方面也有广阔的前景，如生物柴油的生产、地沟废食油生产柴油等。

化学工业也直接和间接地提供了国防所需的物质条件，如新型的导弹推进剂、大型运载火箭的燃料、航空航天航海所需要的特殊功能材料等。许多化学工业产品，如药品、洗涤用品、化妆品、食品添加剂、涂料、颜料和油漆等已成为人们日常生活中不可缺少的必需品。

化学工业在国民经济中所处的地位非常重要，表 1 –2 给出了 20 世纪 80 年代中期至 90 年代初期我国和主要工业国家化学工业产值占整个工业的比重(2005 年我国化工企业工业产值占全国工业总产值的比重为 13.5%)。从表中可以看出，我国及国外发达国家当时化学工业产值占整个工业的比重为 10% 左右，在整个工业经济中具有重要的地位。因而，化学工业历来为世界各国所重视，一般都使其保持超前发展。世界各主要工业化国家化学工业的发展速度一般均高于整个工业平均发展

表 1 –2　我国和主要工业国家化学工业产值占整个工业的比重(%)

国家＼年份	1988	1989	1990	1991	1992	1993
中国	14.1	14.2	14.4	14.0	13.4	11.8
美国	9.7	9.9	10.0	10.2	10.1	10.1
苏联	10.6	1.4	10.4	—	—	—
德国	10.5	10.5	9.9	10.2	9.7	9.7
日本	7.5	7.4	7.3	7.4	—	—

速度，见表1－3。化学工业是既古老又年轻的工业，一直都充满着发展蓬勃生机，由于化学工业涉及领域广泛，因此它的发展水平已经成为衡量一个国家综合国力的重要标志之一。化学工业必须保持较高的发展速度，才能适应整个国民经济发展的需要。

表1－3 工业国家化学工业发展速度(年平均增长率%)

国家＼行业＼年份	1951～1960		1961～1970		1971～1980		1981～1985		1986～1990		1991～1994	
	整个工业	化学工业	整个工业	化学工业	整个工业	化学工业	整个工业	化学工业	整个工业	化学工业	整个工业	化学工业
美国	3.9	7.9	5.0	7.9	3.1	5.6	2.7	3.7	2.9	4.6	1.9	3.1
苏联	11.8	14.8	9.6	12.4	5.8	8.0	3.5	3.9	2.2	2.5	—	—
德国	9.5	12.0	5.7	10.4	2.0	3.5	0.2	1.8	3.5	2.4	－0.5	1.8
日本	16.5	17.9	13.5	14.6	4.6	5.2	4.0	4.0	4.6	6.1	－0.5	2.2
英国	3.0	6.2	2.7	6.2	0.8	2.9	1.6	3.8	1.7	3.3	0.36	3.4
法国	6.6	12.1	6.0	10.4	2.8	4.4	0.2	3.1	2.9	3.5	0.15	3.8

第二节 我国化学工业概况

一、我国化学工业发展简史

我国近代化学工业的起步很晚。1876年在天津建成的我国第一家铅室法硫酸厂，日产硫酸2t，可以看作为我国近代化学工业的开始；1923年，吴蕴初在上海创办天厨味精厂，1929年创办天原电化厂；1914年，范旭东创办久大精盐股份公司，1917年筹办永利制碱公司，于1926年生产出高质量的红三角牌纯碱，该产品扬名海外，并于1937年在南京建成永利宁厂，生产合成氨、硫酸、硫酸铵及硝酸；在东北及天津等地也有另外几家外国人兴办的化工厂。总体来说，直到1949年，旧中国的化学工业很弱小，在世界上毫无地位，化肥仅2.7万吨，硫酸4万吨，有机化学工业几乎空白。1949年全国化工总产值仅占全国总产值的1.6%。

新中国建立后，化学工业的发展驶入快车道。从第一个五年计划开始，重点放在支农及基本原料的化学产品生产上。新建立了一些大型化工企业，如吉林、太原、兰州三个化工区和保定电影胶片厂、石家庄华北制药厂，并扩建了大连、南京、天津、锦西等地的几个老化工企业，并建立了一批化工研究、设计、施工队伍，在此及随后一段时期内，开始了塑料及合成纤维的生产。

虽然我国石油化学工业起步较晚，但发展迅速。1961 年建成的裂解生产乙烯装置，开我国石油化学工业的先河。20 世纪 70 年代，建设了十几个以油气为原料的大型合成氨厂，并在北京、上海、辽宁、四川、吉林、黑龙江、山东、江苏等地建设了一大批人型石油化工企业。至 80 年代，已组建了一大批大型石油化工联合企业。

改革开放以来，化学工业发展更加迅猛，不但石油化工在世界上地位飞速上升，精细化学品生产也从无到有。合成氨、化肥、电石、染料等十余种主要化工产品产量已居世界第一位。化学工业已形成了一个门类比较齐全、品种基本配合的工业体系。

二、我国化学工业现状

我国化学工业已成为国民经济的重要支柱。化学工业包括化学矿山、化肥、石油化工、纯碱、氯碱、电石、无机盐、基本有机原料、农药、染料、涂料、新领域精细化工、橡胶、新材料等 14 个主要行业。现以 2005 年度的数据为例来考察我国化学工业的有关情况。2005 年度，化学工业全行业实现销售收入 30063.4 亿元，利润 3707.9 亿元，税金 1726.7 亿元。主要化工产品产量见表 1－4。

表 1－4　2005 年我国主要化工产品产量

产品名称	产量(万 t)	产品名称	产量(万 t)
乙烯	755.5	烧碱	1240.0
合成氨	4596.25①	醋酸	137.0
化肥(折纯)	4888.0	纯苯	306.1
其中:氮肥	3575.9	聚氯乙烯	642.9
尿素	1994.9	农药	103.94①
磷肥	1075.3	燃料	65
钾肥	232.66①	涂料	382.6
硫酸	4462.2	轮胎(万条)	31819.9
纯碱	1421.1		

①国家统计局数字。

我国化学工业生产规模小而分散，资本实力不足。全国化工企业总数约为 2 万家，资产约为 1.8 万亿元。

我国化工企业地区分布很不均衡，化工大省大市全部集中在东部，分别是江苏、山东、广东、浙江、上海，这五个省、市的化工企业总数占全国的一半。而西部十省市区化工企业总数仅占全国的 11%。

我国化学工业生产技术普遍落后，具有自主知识产权的核心技术少，自动化水平、原材料消耗、能源消耗和污染物的治理与发达国家相比有不小的差距。

我国化工的产业特征为：上游寡头垄断、下游竞争激烈。上游行业的优势是垄断和规模化，下游行业的优势是低成本和市场。

三、我国化学工业发展展望

1. 化工园区建设活跃

经过十多年的发展，我国化工园区初具规模，大型园区已建成和拟建成达 30 多个。园区建设对我国化工发展具有重要作用。园区建设是我国石油和化学工业实现集约化发展的基本特征之一。园区特色分类：一类属于临港型，适于大进大出的大型石化基地，如上海、浙江、天津、青岛等；一类属于资源集中型，适于向深加工发展的上下游产业链，如齐鲁、茂名、内蒙；一类属于特色型，适于老工业基地，规模相对小，具有特色的产品群。不论哪一类的园区建设，都体现了集约化，产品优势化的特点。

2. 煤化工、生物化工热度骤升

由于原油短缺和持续的高油价使煤制油、煤制烯烃、生物制柴油等项目成为热点。煤代油工程方兴未艾。

3. 农用化学品进一步发展

农用化学品主要有化肥和农药两大类。肥料的开发方向是复合肥料，即以植物生长所需的最佳配比来生产肥料。农药的发展方向是生产高效、低毒的杀虫剂、除草剂和杀菌剂。

4. 精细化工和专业化工产品长足发展

机械、电子、汽车、建筑、航空、航天和信息产业，需要品种繁多的精细化工和专用化工产品。由于上述产业的发展已经进入加速期，对配套化工产品需求呈明显上升态势。这些化工产品主要是化工新材料、高档涂料、电子化学品、纳米材料等。

还有一些为其他行业配套的化学品也将快速发展，主要有饲料添加剂、食品添加剂、造纸化学品、水处理化学品等。

5. "绿色化工"大势所趋

随着世界人口的增长和国际社会对环境污染与资源等问题的关注，促进可持续发展已成为推进化工产品更新换代的主要动力。"绿色化工"将从源头上消除污染、合理利用资源和能源、降低生产成本实现可持续发展。

未来化工工艺技术将更加低耗高效，产品附加值更高。不用有毒有害的原材料，三废产生量少，最终实现"零排放"。节能、环保和节约资源是化工生产的前提条件。

建设"绿色化工"企业，即实现原料绿色化，化学反应绿色化，催化剂、溶剂绿色化，产品绿色化。

第三节　化工生产管理概述

一、化工生产管理的内容

生产管理是化工企业管理不可或缺的职能管理环节。生产管理有狭义与广义之分。狭义的生产管理是以生产产品或提供劳务的生产过程为管理对象，一般包括生产计划的制订与执行、生产过程组织、日常的生产准备、成品和半成品管理及生产调度。广义的生产管理还包括质量管理、设备管理、物资管理、能源管理、劳动组织与劳动定额管理、成本控制、信息管理、安全技术管理、环境保护等，其中质量管理、安全技术管理、环境保护备受全社会的关注。

二、化工生产管理的目标

化工生产管理所追逐的目标可以用一句话来概括，即安全、清洁、连续、均衡、经济地产出合格产品。

"安全第一，预防为主"。化工生产有着复杂的传热、传质过程，多种多样的物理变化、化学变化，容易发生火灾、爆炸和污染。因此，生产管理必须坚持安全和文明生产的方针，加强安全管理和劳动保护，建立合理的管理制度和安全操作规程，消除生产劳动过程中的不安全因素，建设清洁文明企业，这样不仅可以保障职工劳动的安全，防止人身事故和设备事故的发生，使生产过程顺利进行，而且可以使国家和企业财产免受破坏和损失。

文明生产要求企业建立合理的生产管理制度和良好的生产秩序，厂房和设备布局合理，运输路线畅通，工作地点布置秩序井然有序，物品安放、搬运有相宜的工位和器具，工作环境和劳动条件良好、防尘、防污，厂区要绿化。文明生产也是现代化企业精神文明建设的重要标志。职工在安全、文明的生产环境中工作，有利于提高劳动积极性和效率。

清洁是指在生产过程中，节约原材料和能源，淘汰有毒原材料，减少和降低所有废弃物的数量和毒性，减少从原材料提炼到产品处理的全生产周期的不利影响。清洁生产是将整体预防的环境战略持续用于生产过程的生产方式。

连续是指物料连续地按一定工艺顺序运动。化工生产主要是装置性生产，从原料到产品加工的各个环节，均是通过管道等方式进行输送，采用自动控制进行调节，形成一个首尾连贯、各环节紧密衔接的生产系统。这样的生产装置摆脱了人身自然条件的限制，受设备本身运转规律的支配，客观上要求生产的运转要连续进行，任何一部分生产装置运转失常都会直接、间接地影响到过程的连续性和有效性，严重时会使生产过程中断，造成损失。

均衡是指化工生产各环节在相等时间阶段内，完成等量或均衡递增（或均衡递减）的产品或工作任务量，防止生产负荷突增突减。

组织均衡生产是现代化大生产的客观要求。因为均衡生产有利于保证设备和人力的均衡负荷，提高设备利用率和工时利用率，有利于节约物资消耗，减少在制品占用，加速资金周转，降低产品成本。总之，组织均衡生产能够取得较好的经济效益。

化工企业组织均衡生产是对生产管理的一项要求，但在执行过程中也不可绝对化，因为化工产品市场变化频繁，企业在面对市场的情况下，为了在一段时间内满足用户急需或为实现某些经营战略，经常要增加一部分产品的产量。企业管理者事先应权衡利弊，慎重决策。

经济是指讲求经济效益，以最少的劳动、物质消耗和资金占用，生产出尽可能多的适销对路的产品，亦即做到高效低耗。为此，在制订生产计划时，要运用科学的方法，进行多方案比较和综合平衡，使计划指标优化。在组织生产时，要合理布置设备，使生产流程合理化，要使装置处于最优的工况条件。

合格产品是指产品质量合格，即产品符合使用者的要求，符合国家标准或企业标准。

三、化工生产的特点

化工生产具有易燃、易爆、易中毒、高温、高压、有腐蚀性等特点，因而较其他门类的生产有更大的危险性。

(1)化工生产使用的原料、半成品和成品种类繁多，绝大部分是易燃、易爆、有毒害、有腐蚀的危险化学品。这给生产过程中对这些原材料、燃料、中间产品和成品的储存和运输都提出了特殊的要求。稍有不慎，就可能发生火灾、爆炸、中毒、污染等事故。

(2)化工生产要求的工艺条件苛刻。有些化学反应在高温、高压下进行，有些要在低温、高真空度下进行。例如，由轻柴油裂解制乙烯、进而生产聚乙烯的生产过程中，轻柴油在裂解炉中的裂解温度为800℃，裂解气要在深冷(-96℃)条件下进行分离；纯度为99.99%的乙烯气体在294 kPa(3000 kgf/cm^2)压力下聚合，制取聚乙烯树脂。

(3)生产规模大型化。近20多年来，国际上化工生产采用大型生产装置是一个明显的趋势。以化肥为例，20世纪50年代合成氨的最大规模为6万吨/年，60年代初为12万吨/年，60年代末为30万吨/年，70年代发展为54万吨/年。乙烯装置的生产能力也从50年代的10万吨/年发展到70年代的60万吨/年。裂解炉单台炉的生产能力从4.5万吨/年发展到10万吨/年。

采用大型装置可以明显降低单位产品的建设投资和生产成本，提高劳动生产率，减少能耗。因此，世界各国都积极发展大型化工生产装置。当然，也不是说装置越大越好。这里有一个技术经济的综合效果问题。目前，新建的乙烯装置和合成氨装置大都稳定在30~45万吨/年的规模。我国50~60年代化工生产装置的生产规模，一般都是年产几千吨，最多不过万吨。目前已建成30~60万吨/年的大型合成氨、乙烯及化纤生产装置。

(4)从生产方式上讲，化工生产已经从过去落后的坛坛罐罐的手工操作、间断生产转变为高度自动化、连续化生产；生产设备由敞开式变为密闭式；生产装置从室内走向露天;生产操作由分散控制变为集中控制,同时也由人工手动操作变为仪表自动操作,进而发展为计算机控制。自动化虽然增加了设备运行的可靠性,但也可能因控制系统失灵而发生事故。据美国石油保险协会对炼油厂火灾爆炸事故的统计表明,因控制系统失灵而造成事故的达6.1%。

同时,在很多化工生产中,特别是染料、医药、表面活性剂、涂料、香料等精细化工生产中,间歇操作还很多。间歇操作时,由于人机接触过于靠近、岗位环境差、劳动强度大,易导致发生事故。

四、化工生产管理的意义

现代管理理论认为,企业管理按照职能分工,可形成众多的管理职能,其中最基本的也是最主要的职能是市场营销、生产管理和财务管理。化工生产管理是企业管理大系统中的一个子系统,其重要意义主要表现在以下几个方面:

(1)为实现企业的经营目标创造物质前提。生产活动是工业企业的基本活动,生产产品的品种、数量、质量是企业经营目标中的重要组成部分,生产目标的实现情况决定企业市场目标的实现情况,因此必须加强生产管理,为企业实现其经营目标创造必要的物质前提。

(2)加强生产管理,有利于企业管理搞好经营决策。随着全球经济一体化的迅猛发展,市场竞争越来越激烈。在这种新形势下,化工企业为了在国内外市场上取胜,必须不断根据市场需要开发科技含量高的新产品,提高产品质量,缩短产品生产周期和降低产品成本。化工产品市场需求变化多端,这使企业管理者进行正确地经营决策愈来愈难。因此,企业必须大力加强生产管理,稳定生产大局。只有这样,企业管理者才能用主要精力抓好经营决策,否则,企业管理者只能为稳定生产大局疲于奔命。

(3)加强生产管理,利国利民。节能、安全、环保是企业本身和全社会关注的焦点,稍有疏忽,就有可能造成经济损失、人身伤亡事故或环境污染。能源节约、安全管理、环境保护均属于生产管理的范畴。没有强有力的生产管理,不可能有企业的正常营运。

第二章 化工生产管理的基础工作

要搞好化工生产管理,必须做好一系列基础工作,离开了基础工作,管理只能是“空中楼阁”,加强化工生产管理基础工作是化工企业进行有效管理的前提条件。

第一节　化工生产管理基础工作的内容

化工生产管理基础工作的内容主要包括建立健全各项规章制度,定额管理、计划测试管理、标准化管理、信息管理和基础教育管理六个方面。

一、建立健全各项规章制度

企业离开了规章制度,就会变得高度无序,人人随心所欲,各项工作无法保证正常进行。正所谓“不以规矩,不成方圆”。因此,建立健全各项规章制度是企业管理最基础的工作。化工生产管理的规章制度大体可以分为三类,即责任制度、工作制度、技术标准和技术规程,其中责任制度是各类规章制度的核心。

二、定额管理

企业的一切生产技术经济活动,都是通过其数量与质量指标或标准表现出来的。定额则是在一定生产技术组织条件下,对企业人力、物力、财力等资源的利用与消耗方面所规定的应当遵从或达到的标准。定额是指标的基础,是企业计划的基础。计划中各项指标的确定,都是以定额作依据。定额的准确性、可靠性及其水平,直接影响计划质量和水平。定额是提高生产技术水平和劳动生产率的手段。它对于推广先进技术与经验,改进生产技术与方法,提高产品质量,增加产量都有重要作用。定额是企业组织一切生产经营活动的依据，也是改善提高管理水平的手段。定额是衡量企业经营效果的尺度，是经济核算的重要依据，也是推动企业各方面增产节约，提高经济效益的重要工具。总之，定额工作是企业管理的一项极其重要的基础工作。

定额的具体种类繁多，不同生产类型企业的不同生产过程、不同车间，以至每个工序都有规定的相应的定额。化工企业常用的定额有物资消耗定额、能源消耗定额、劳动定额、设备定额、资金定额等。

定额的管理要点是：

（1）完善定额体系。

（2）及时修订不合理的定额。

（3）积极执行定额，将定额作为考核职工工作的主要指标，与责任制结合，列入班组管理规范，实行民主管理。

三、计量测试管理

计量测试是化工企业组织生产活动必不可少的基础工作。这是因为化工企业技术标准须经过计量测试工作来完成，企业所生产的产品质量和生产操作过程的控制很大程度上是由计量测试工作来完成的，企业生产过程所消耗的化工原料、动力、燃料等的数量也要通过计量测试工作来反映。

化工企业的计量测试工作，包括一切劳动对象、劳动手段、中间产物和最终产品的检定、测试、化验、分析和检查等工作。要搞好计量测试工作必须做到：计量器具准确可靠、计量工作严肃认真、物资和能源转移各环节严格计量、有专门机构和人员进行计量管理。

四、标准化管理

标准化工作是企业进行新产品开发，生产及经营管理活动的依据，是企业的一项综合性基础工作，包括技术标准、管理标准、工作标准在内的标准体系的建立、完善和一系列标准的制订、修订、颁发、宣传、贯彻等工作。

制订和推行化工生产管理标准，使之贯穿生产全过程，以便生产管理实现合理化、规范化和高效化。

五、信息管理

信息、物质、能量被并列为社会的三大资源，化工生产管理离不开信息资源和信息管理。这是因为企业生产过程是一个动态过程，各项生产要素时刻在发生变化，这些变化要能迅速传递到管理中心，做出反应后及时加以处理。

信息管理的核心是信息资源的开发和利用。信息管理工作一般包括搜集、整理、加工、传递、反馈、贮存、输出等步骤。

信息管理工作要求及时、准确的畅通。为此应做到：

(1)加强原始记录、统计工作。

(2)加强电话、电讯等工具的利用和管理。

(3)建立必要的信息工作程序和标准步骤。

(4)有计划地推广信息技术的应用，使计算机与传输信息的电讯技术相结合，建立适应现代大生产需要的综合的管理信息系统，使信息管理走向标准化、网络化、高科技化。

六、基础教育管理

企业的竞争，归根结底是人才的竞争。国际上很多著名企业能迅速发展或者经久不衰，不仅因为其自身拥有雄厚的资本实力、精湛的工艺设备和完善的基础设施等有形资产，更重要的是拥有一套先进的人力资源管理模式，拥有一批精明的管理人才、能力超群的工作者和众多高素质员工，在技术上一路领先，在经营上谋略高超，使其在竞争激烈的国际市场中立于不败之地。

化工企业要在市场竞争中站住脚，就必须提高职工的整体素质，基础教育是提高职工素质的重要手段。基础教育对不同岗位职工的具体要求是不同的。一般来说，主要包括入厂教育、纪律教育、职业道德教育、基本生产技术教育、管理基本业务和技术教育、文化教育、思想政治教育等。

第二节　化工生产管理的各项规章制度

企业的规章制度是全体员工的行为准则。建立和健全合理的规章制度，就可使员工从事生产经营活动有所遵循，做到统一指挥、统一行动，人人有专责，事事有依据，检查有标准。

一、各项规章制度的分类

化工生产管理的规章制度一般分为三类，即责任制度、工作制度、技术标准与技术规程制度。

1. 责任制度

责任制度是各项规章制度的核心。责任制度的内容体现在化工企业的一切规章制度中。化工企业最常见的责任制度是经济责任制度和安全责任制度。

化工生产的责任制度应采用目标管理的方式，即以指标分解的管理体系为中心实施。因为化工生产实行连续生产，生产过程基本上是同一原料依次加工，各个环节只完成生产过程的一个局部，所以要围绕企业最终经济效益的总目标，按责、权、效相结合的原则，经过纵向和横向分解（纵向分解到各生产单位，横向分解到职能部门），把大指标分解成小指标，小指标分解成工艺参数或工作要求，层层落实到每个车间、科室、班组及个人，使企业各生产环节、各岗位的经济活动之间形成互相联系、互相保证、全面覆盖的完整体系。

2. 工作制度

工作制度是有关计划、生产、技术等职能和专业领域的具体管理制度，如岗位职责、考勤制度、领料制度、费用报销制度等。

3. 技术标准与技术规程制度

生产管理的技术标准与技术规程制度就是企业将全部生产所需的标准，按其内在的联系形成有机整体。企业通过生产中技术标准工作体系，获得最佳的秩序和管理效果；通过建立生产技术标准与技术规程，使企业生产活动技术上有规范、有标准，促使企业整个生产经营活动过程保持高度的统一和高效率的运转，从而使管理工作做到行动有目标、办事有程序、考核有依据、预防有措施、质量有保证，促进企业技术进步，保证生产管理工作有条不紊地进行。

常见的技术标准有产品质量标准、中间控制指标等。常见的技术规程有岗位操作规程、设备检修规程、产品分析规程等。

二、各项规章制度的制订

生产管理规章制度的科学性，在于它能够反映实际生产管理活动中固有的规律性。制订规章制度时，应认真学习国家和地方政府的有关法律法规，不得与法律法规相抵触，同时，还应参照同行业的一些规章制度，取其精华，为我所用。最后，还要发挥全体员工的积极性和创造性，真正总结出生产中的经验来加以规定。规章制度要简明扼要，有针对性，要及时修改不适合生产发展、已经过时的规章制度，并增加新内容。只有这样，规章制度才会有强大的生命力，也有利于建立合理的、有效的生产秩序与工作秩序。

三、各项规章制度的实施

“一打纲领，不如一个行动”，再好的制度不去执行或执行不严格，这个制度也是一纸空文。规章制度的作用不仅在于制度的科学性、严密性，而且还在于执行的严格性。规章制度的实施要注意以下几个主要问题：

(1) 岗位设置和人员配备时，责、权、利要对等，防止出现责大、权小，或责小、权大、利大现象的发生。

(2) 做好宣传贯彻工作，让职工了解和熟悉规章制度，并被大家所接受才可起作用。

(3) 规章制度的执行时，要体现一个“严”字，有章必依，违章必纠，纠必有力，彻底克服“大锅饭”、“职责不清”、“好差不分”、“当和事佬”等弊端。该奖的奖，不怕别人眼红；该罚的必罚，不讲情面，不怕压力。

(4) 表现在形式和方法上，就是检查。通过检查，看职工的生产活动是否符合规章制度，并依此调整，最终达到使规章制度具有约束、控制作用。要将规章制度实施情况的检查制度化，一级检查一级，同时对检查也要实行监督，使企业管理保持水平。

第三节　化工生产的定额管理

定额是生产企业在一定生产技术组织条件下，对人力、物力、财力的消耗、占用以及利用程度等方面应遵守和达到的标准。定额管理是指企业利用定额来合理安排和使用人力、物力、财力的一种管理方法。其主要内容包括建立和健全定额体系与管理机构,发动群众根据实际经济运行情况制订和修改定额,采取有效的技术组织措施来保证定额的实现,检查分析定额的执行情况,总结推广先进经验等。

化工生产定额的制订,必须根据化工生产的特点,坚持先进合理的原则,既反映先进单位和先进职工的水平,又要照顾到一般单位和一般职工的实际水平,留有适当余地,使多数单位和多数职工通过努力都有可以达到,正所谓"蹦一蹦摸得着"。这种介于先进和一般之间的定额水准称之为"平均先进定额"水平。定额一经企业高层管理人员批准、确认,就要认真贯彻执行,并保持相对的稳定性。随生产技术和管理水平的提高,定额也应相应有所提高。

一、化工生产的物质消耗定额

1. 化工生产物质消耗的特点

化工生产物质的消耗主要分为原材料消耗、辅助材料消耗。化工生产的物资消耗与机械、电器等行业生产的物资消耗相比,主要有以下两个特点:

第一个特点是投入化工生产过程中的原材料会发生化学反应,即原材料和产品化学成分不相同。例如,氯碱工业的原料为食盐(其状态为水溶液),成分是 $NaCl$ 和 H_2O,而生产的产品为烧碱、氯气、氢气,其化学成分分别 $NaOH$、Cl_2、H_2。而机械等工业的生产过程主要由一系列的物理变化过程所组成的。例如,汽车发动机轴的加工,加工前后其化学成分均为某种合金钢。

第二个特点是化工生产消耗的物质,在质量和数量上都要求比其他工业计算得更严格、细致、准确。一般的工业,如果原材料的配比不当,可能发生的只是部分原材料的积压,或者少生产一部分产品。但在化工生产中,可能因配比不当而得不到目的产品,更有甚者,可能发生安全事故和环境污染事故。

2. 原辅材料消耗定额的确定

(1)原材料消耗定额的确定。一般采用化学反应方法来确定消耗定额,即把原料作为反应物,产品或副产品作为生成物,根据分子量,计算出单位产品所消耗的原料重量。当然,这是通常所说的理论产量,事实上是难以达到的,还要根据生产实际来确定产量的百分数(产率或收率),从而确定出原料消耗定额。

(2)辅助材料消耗定额的确定。一种化工产品的生产,除消耗原料、能源外,还要消耗辅助材料。辅助材料消耗量虽然不大,但往往单价很高,因此辅助材料对产品成本的影响不容忽视，要科学地进行消耗量的核定。例如，生产一种化工产品往往需要使用媒介物（如生产聚氯乙烯，要用偶氮二异丁腈），这种媒介的定额要以单位产品产量为计算标准；包装产品的容器，其定额以产品单位量为依据；其他辅助材料，如润滑油、劳动保护用品等，按使用期或消耗量来定额。

二、化工生产的能源消耗定额

化工生产过程大多是在温度、压力、离子浓度等指标变化剧烈的情况下进行的，因此化学工业能源消耗是很大的。化工生产常用的能源指燃料（如煤、油、天然气等）、电力、载能和耗能工质（如水、冷冻水、压缩空气等）。

1. 燃料消耗定额的确定

工业企业所用燃料分为工艺用燃料（如高炉用焦炭）、动力用燃料（如生产蒸汽用原煤）和取暖用燃料三类。其消耗定额是按不同用途来制订的，如工艺用燃料，一般可按单位产品计算。由于燃料的品种、物理状态和发热量不同，在制订定额时，则先以每公斤燃料发热量为(7000 ×4.1868)J 的标准燃料计算，然后再根据热当量系数换算为实际燃料量。

2. 电力消耗定额的确定

先计算一吨产品理论上电力消耗。然后，根据工艺水平和工厂实际确定用电效率，最后用理论耗电量除以用电效率，所得到实际电力消耗会大于理论电力消耗。

3. 载能和耗能工质消耗定额的确定

载能和耗能工质种类多，确定消耗定额一般有以下几种方法：

(1)工质的消耗直接按产品数量确定，如生产一吨烧碱需用冷却水多少吨。

(2)工质消耗定额按设备开动时间确定，如压缩空气按空气搅拌器开动时间来计算。

(3)对难以换算的工质，可按有关统计的资料和实际消耗情况确定其消耗定额。

三、化工生产的劳动定额

劳动定额是指在一定的生产技术和生产组织条件下，为生产一定量的产品或完成一定量的工作所规定的劳动消耗量的标准。劳动定额的形式分为单位产品的工时定额、单位工时的产量定额、基本生产对机器设备的看管定额、辅助生产工人的服务定额等。制订劳动定额要做到准确、及时、适应生产需要。制订劳动的方法主要有以下几种:

1. 技术测定法

在合理组织劳动的基础上,根据先进的技术组织条件和工艺方法,对工时定额的各部分时间组成进行分析、计算和测定,来确定定额的方法。技术测定又有多种方法,如测时法、预定时间标准、模特法、工作抽样法等。技术测定法比较科学,但工作量大、测定成本高、不够及时。它适用于大量大批生产和条件变化较少的企业。

2. 经验估算法

由管理人员、技术人员、熟练工人组成估工小组,根据现有生产技术条件,结合生产实践经验来估计确定工时定额的一种方法。该方法的优点是简便易行,工作量小;缺点是受人的主观因素影响,技术依据不足,准确性差。它适用于单件、小批量生产。

3. 统计分析法

根据过去生产同类的产品或同行业企业生产同类产品的实际工时消耗的统计资料,经过整理,结合当前的生产技术条件,进行分析对比来制订劳动定额的一种方法。其优点是简便易行,工作量小,比经验估算法有更多的资料依据,可反映实际情况,适用生产条件比较正常,产品固定,原始记录和统计工作比较健全的生产单位;缺点是易受过去平均数字的影响,定额先进性不足。

4. 类推比较法或典型定额法

这是通过与同类产品工序的典型定额标准,分析比较后制订定额的方法。运用这种方法要求将同类型产品或工序集中起来,分类归组,选出有代表性的产品工序,制订典型的定额标准,以便类推比较。这种方法能保证定额水平统一,适用于同类型的产品或工序较多的生产单位。但它的准确性受典型定额标准的准确程度以及选择对比是否恰当等因素的影响。

以上几种制订劳动定额的方法各有优缺点，企业在运用时，应结合自身实际情况选择。

第四节 化工生产的计量工作

计量是用计量器具的标准量值去测量各种计量对象。计量工作包括计量鉴定、测试化验和分析等工作，主要是用科学的方法和手段，对生产经营活动中的量与质的数值进行测量和管理。没有计量就不可能有可靠的原始记录和统计资料。不准确鉴别产品质量，也就难以进行严格的产品管理和效益核算。因此，企业必须从原材料、燃料等物料进厂，一直到产品出厂的整个过程的各个环节，全面做好计量工作。

一、计量的特点及工作要求

1. 计量的特点

(1)一致性。计量保证同类测量以统一的尺度进行，只能使用规定的单位，其目的是保证同类测算结果一致，使生产具有社会化意义，因此，一致性是计量的重要特点。

(2)准确性。每次计量过程都有必须保持一定范围内的准确可靠，这就要求计量给出的数值能经得起时间和空间的考验。测量结果不但要给出明确的量值，而且要给出这一值误差的大小，以便应用时加以综合处理。

(3)可溯性。计量的量值应具有可溯性。计量是从单位制度开始的。我国采用的国际单位制(SI)有7个基本单位，即长度单位“米”、质量单位“千克”、时间单位“秒”、热力学温度单位“开尔文”、电流单位“安[培]”、发光强度单位“坎[德拉]”和物质的量单位“摩[尔]”。这7个单位均有独立的定义，并为国际所公认。我们把这7个基本单位的量值称为基准量值，把复现这些量值的设备称标准器，逐级传递下去，称为量值传递。传递规定有一定的误差范围，以保证同类测量结果在全国的准确一致。这种为达到量值统一而进行的量值逐级传递形式，就是量值的可溯性。

(4)法制性。计量本身要求有一定的法律保障。特别是对国计民生有明显影响的计量，更要有法律保障。

2. 计量工作的要求

计量工作的开展必须严格遵守国际通用的有关标准和国家计量标准。应建立企业计量管理网络，加强计量人员的业务培训，检测手段先进齐全，对量具进行定期校验，使其经常处于良好状态，以保证计量检测的正式准确。检测手段与计量技术要适应技术进步和产品更新换代的要求。

二、化工生产的计量内容及测试作用

1. 化工生产的计量内容

化工生产是多步骤、长流程、连续化的大生产，计量测试工作伴随生产全过程。计量测试的内容包括：各种原材料的消耗量、辅助材料消耗量、联产品、副产品、中间产品和产品生成量、电、水、蒸汽、压缩空气等能源消耗量；工艺参数，如液位、温度、压力、密度、流量等的测量；设备工况，如转速、振动值、位移值的测试；单台设备和整套装置、生产能力的计量；在制品、中间物料、成品的质量计量测试。

2. 化工生产计量测试的作用

（1）取得设计工艺和设备所需要的数据。

（2）为操作调节和生产过程的控制提供依据。

（3）掌握生产各环节物质消耗、能源消耗、目的物生成量和各种物质的质量状况，对生产操作进行经济分析。

（4）对现有生产流程的经济性和存在问题进行评价。

（5）取得对各责任单位或个人进行考核的数据资料。

第五节　化工生产的标准化管理

标准是对重复性事物和概念所做的统一规定。它以科学、技术和实践经验为基础，经有关方面协商一致，由主管机构批准，以特定形式发布，作为共同遵守的准则和依据。标准化是指导在经济、技术、科学及管理等社会实践中，对重复性事物和概

念通过制订、发布和实施标准，达到统一，以获得最佳秩序和社会效益的活动。

标准化是国家一项重要的经济政策，对企业来说是一项综合性的基础工作。搞好这项基础工作，对促进技术进步、提高产品质量、实现专业化生产、提高生产效率、节约原材料成本等有关重大的作用。

一、化工生产管理的标准

化工生产管理标准可以分为技术标准、组织标准、管理业务标准三大类。

1. 技术标准

技术标准是企业标准的主体和核心，是对生产对象、生产条件、生产方式以及包装贮运等所应当达到的尺度和必须共同遵守的规定，是一种技术上的法规。按其内容，主要有以下几个方面：

(1)基础标准。是指现代工业生产技术中最基本的和具有指导意义的标准。例如，为保证化工产品名称的一致性而制订的产品命名标准，为统一专业技术语而制订的名词、术语、符号、文件格式、制图方法等标准。它是工作标准化的基础，是制订各类标准的前提。

(2)产品标准。它是为某一类产品的形式、尺寸、主要参数、质量指标、检验方法以及包装、储存、运输等方面所制订的标准。

(3)工艺规程。是为制造产品而规定的加工方法。如氨合成规程等。

(4)操作规程。是为机器设备、工具、仪器等所规定的操作方法和注意事项，如透斗压缩机操作规程、电光天平操作规程等。

(5)安全与环境保护标准。是为保证生产过程中的人身安全、职工健康和环境保护等方面所做的规定，如进入易燃易爆岗位禁带火种等规定。

(6)设备使用、维护、修理规程。它是设备使用中进行维护、保养、修理时所应遵守的各项标准，如推料离心机检修规程等。

2. 组织标准

组织标准是为合理组织生产过程和安排生产计划而制订的，包括生产能力的标准、资源消耗标准，以及对生产过程进行计划、组织、控制的方法、程序和规程等。

3. 管理业务标准

管理业务标准是指为某一生产环节或某一管理部门进行业务管理而制订的标准。依据管理目标和相关管理环节的要求，对其业务内容、职责范围、工作程序、工作方法和必须达到的工作质量、考核奖惩办法所规定的准则。

二、化工生产标准化管理的工作要求

化工生产标准化管理的工作要求主要有以下几点：

（1）努力建立完整的化工生产标准化管理体系，在体系明确的前提下制订完善的标准。

（2）建立科学的化工生产标准化工作程序标准，即化工生产标准化的标准，使所有标准化工作本身都符合标准。

（3）积极采用国际标准、国外先进标准，推动化工企业生产、技术管理现代化。

（4）适时修订有关标准，保持标准的科学性、民主性。

第六节 化工生产的信息管理

信息是反映客观世界中各种事物的特征和变化，可以通讯的知识，如产品质量、物耗、能耗指标，经济技术情报等。

信息和数据有不同含义。数据是对情况的记录，是一种可被鉴别的符号，它本身并没有意义，信息是对数据的解释。数据经过处理，仍然是数据，只有经过解释才有意义，才成为信息。可以说，信息是经过加工处理后对组织的管理决策和管理目标的实现有参考价值的数据。

信息的特点主要包括：原始数据来源的分散性；信息的非消耗性；信息量大；信息加工方法的多样性；信息的发生、加工、应用在空间、时间上的不一致性。

一、化工生产信息管理的内容与要求

在企业的整个生产经营活动中，始终贯穿着两种运动过程：物流——劳动者利用劳动工具作用于劳动对象和加工产品的过程；信息流——各种文件、情报、资料和数据在各生产经营环节之间的传递。信息流反映着物流的状况，并指挥着物流的运动。信息流不畅，就难以进行有效的管理。

由此看出，对管理信息实施有效管理的重要基础是组织的一种重要资源。作为资源的信息具有如下特点：影响和决定组织的生存；能够为组织带来收益；获取和使用信息要支付费用和成本；对信息的使用应考虑获取信息费用与它为改善管理所带来的功效相比是否合算。

显然，无论是从改进计划工作、组织工作、人员配备、指导与领导工作的角度，还是从直接利用信息资源的角度，都必须加强对信息的管理。虽然管理信息要支出费用，并且可能费用很高，但对信息管理不善而付出的代价也许更高。

1. 化工生产信息管理的内容

(1)原始数据的收集。原始数据的收集是化工生产信息处理的基础。对数据的收集、处理要制订相应的工作制度，在采集数据的时间、次数、频率和人员上要有严格的规定。

(2)化工生产信息的加工整理。根据不同的目标，对信息进行相应的处理。例如，通过对产品的质量特性值的处理确定产品是否合格，是否可以出厂。

(3)信息的传输。信息传输是指从信息源到信息接收地的运动过程。例如，合成盐酸炉点火前必须得到从分析化验室发出的氢气纯度达到标准的信息。

(4)信息存贮。由于信息加工和使用在时间、空间上不一致，经过加工整理后的信息有些并非立即使用，有些还要作参考，这就必须把那些需要的信息存贮起来。存贮的方式一般有纸质的方式和电子的方式。

(5)信息输出。信息经过加工后，就需按管理工作的要求，以各种形式将信息提供给企业相关部门及管理人员。在化工企业中，各种计划、生产统计报表、技术文件等都是信息输出的形式。

2. 对化工生产信息处理的要求

(1)及时。信息处理的及时主要有两个方面的要求，一方面要对时过境迁的信息及时记录；另一方面要求信息处理速度要快。

(2)准确。信息处理准确主要反映在三个方面，一是要反映客观实际；二是保持信息的同一性；三是减少信息的失真。

(3)适用。要收集有价值的信息。

(4)经济。信息的及时、准确、适用要建立在经济性基础上,要考虑经济效益。

二、管理信息系统

所谓管理信息系统(Management Information System, MIS)是指提供管理活动所需要的经济信息的一种有组织的程序;或者是指对管理所需要的经济信息进行收集、传递、存贮、输出等所有处理的总和,并把实现这些处理过程的手段和方法结合起来,使管理信息工作成为有组织系统程序。实际上它是管理系统和管理信息的集合。当人们把管理对象作为一个完整的系统进行分析和设计时就构成管理系统,而管理信息就是根据管理功能和管理技术而组成的信息流和信息集。当把管理系统和管理信息集合成一个系统时,就形成管理信息系统。它是管理思想、方法、组织、制度、先进的计算机技术及现代化的人的有机统一体。

作为一个管理信息系统,它将在管理信息的产生源与使用者之间起到媒介作用,并以此使管理信息从产生到利用的时间间隔大大缩短,同时保证管理信息处理的准确性和时效性,有利于提高管理信息利用率,更好地满足各种管理工作的需要。

一个较完善的管理信息系统必须具备下列四项基本职能。首先,确定信息的需求,即按照管理工作的要求正确确定需要的信息类型和类别,以及需要的时间和数量;其次,按照信息的需求,进行信息的收集、加工等处理;第三,向管理者提供经济信息服务;第四,对信息进行系统管理。这四项基本职能之间有着密切的联系,表现为彼此间的衔接和连续,即后一个职能的发挥都必须以前一个职能工作的完成为基础。

管理信息系统在许多工业企业,特别是大型化工企业,得到了迅速发展,这与激烈的市场竞争和迅猛发展的计算机技术、通信技术有关。

第七节　化工生产的基础教育管理

一、基础教育管理的重要性

其一,企业的生产系统是一个人机复合系统。化工生产过程机械化、自动化程度高,生产工艺复杂,没有现代化的人与之相匹配,要做到连续、高效、安全地生产是不可能的。其二，人们并非生来具有现代管理知识和现代技术，必须进行培养和教育。其三，提高职工的科学文化、技术水平是提高企业竞争力的战略措施。

二、基础教育管理的工作要点

1. 抓好职业培训

职业培训是对在职各类员工和管理人员所进行的本职和本岗位必需的知识技能的培训。其首要目的在于通过职业培训使各岗位人员认识到岗位职责，掌握从事本岗位工作所必需的业务知识和技能，提高员工的素质以及企业工作效率。此外，通过培训，可以帮助员工实现自身的职业发展计划，提高员工人力资本的价值，从而有助于员工在工作岗位上主观能动性的发挥。

对员工进行职业培训，应根据不同的对象实施不同的培训内容。比如，对管理人员主要侧重于专业管理知识的培训，对专业技术人员主要是有关现代化的科学技术知识的培训和相关经济管理的学习。而对操作工人主要是生产工艺知识的学习和操作技能的掌握。

培训形式要多样化，如岗位培训、岗位练兵、短期培训班、专题讲座、模拟操作、到大学深造、到先进企业中观摩等。

2. 健全考核制度

企业应定期对职工进行考核。通过考核了解职工技术业务教育的成果，为职工晋升提供合理使用的依据。职工技术业务教育必须同职工的使用相结合，必须同对职工的奖惩相结合，鼓励人才脱颖而出。

第三章

化工生产过程的组织和管理

工业企业的生产活动是在一定的空间和时间内进行的。如何使空间和时间相互协调,以最佳的方式将各种生产要素结合起来,使生产系统形成一个高度协调的系统,以获得最大的经济效果,这就需要对生产过程进行合理地组织。

第一节　化工生产过程的组织

狭义的工业产品生产过程,是指从原材料投入生产直至产出成品的全部过程;而广义的工业产品生产过程,则是指从生产技术准备开始,经投料加工直至产出成品的全部过程。化工生产过程,是指从原材料供应、设备安装调试、技术规范制订、生产计划编制等生产准备开始,经过包括化学反应在内的加工工序,最后生产出化工产品的整个过程。

化工生产过程基本上是劳动过程,同时也包括不同程度的自然过程。劳动过程是劳动者利用劳动工具或装备,按照化学反应变化的步骤和方式,直接或间接作用于劳动对象,生产化工产品的过程;自然过程是借助自然力的作用,使劳动对象发生物理的或化学的变化,如静置、自然冷却等。

化工生产过程大多是流程式的,即生产原材料连续地经过若干加工工序最后形成产品的生产过程。

一、化工生产过程的组成

化工生产过程大致可分为四个部分,即生产准备过程、基本生产过程、辅助生产过程和生产服务过程。

1. 生产准备过程

生产准备过程是指化工生产投料前所进行的全部技术准备工作过程，如确定设计方案并根据设计要求编制操作规程，进行设备调试与仪表检验以及操作人员培训等。

2. 基本生产过程

基本生产过程是指劳动者直接对劳动对象进行加工，并把劳动对象变成化学产品的过程，如电解食盐水生产烧碱、氯气、氢气的过程。

3. 辅助生产过程

辅助生产过程是为保证基本生产过程的正常进行而提供必要条件的过程，如供水、电、蒸汽、冷冻、包装容器和设备维修等。

4. 生产服务过程

生产服务过程是指为基本生产和辅助生产服务的各种服务活动，如原料搬运、成品发运、分析化验等。

在以上四个过程中，基本生产过程是直接生产产品的过程，其他部分是为它服务，按它的要求工作的。所以，基本生产过程在企业的全部生产活动中居主导地位。

二、合理组织化工生产过程的要求

合理组织化工生产过程的目的是要对生产过程的各工艺阶段进行合理安排，使产品在生产过程中行程最短、占用时间最少、劳动消耗最小、能源消耗最小、安全最有保障、产品质量符合设计要求，经济效益最佳。为此，生产过程组织必须符合以下几个要求:

1. 保持生产过程的连续性

化工生产和一切现代化生产一样，是高度连续作业。劳动对象投入生产以后，在化工装置内处于物流型的运动状态，川流不息地从上一道工序流向下一道工序，直至生产出目的物。整个生产过程是连续进行的。就一道工序而言，化学反应不允许中断，一旦中断，化学反应条件就会失去平衡，严重影响反应的正常进行，即使再恢复反应条件，往往也不能立即以原有的反应速度进行反应，且副反应会增加，收率会大大降低，不安全因素也会增加。就生产过程的整体而言，一道工序的中断会导致整个生产流程不正常运行、各项技术经济指标均会下降。因此，化工生产能够连续不断地进行，就意味着人力、物力、财力的节约，生产效率的提高。

2. 保持生产过程的比例性

对于化工生产来说，比例性是十分重要的，这是因为化工生产的反应物质是按比例反应的，物料是按比例投入的。比例失调势必造成物料与动力的浪费。为此，各车间、工段、工序之间以及辅助生产与生产服务之间人力物力的配备都要有一定的比例关系。在这方面管理工作的任务就是做好综合平衡工作，保持和随时调整各个环节的比例关系，使之相互协调、互相适应，保证生产的顺利进行。

3. 保持生产过程的节奏性

化工生产的节奏性就是化工生产的均衡性。从投料到产品出厂都要均衡地进行，避免前松后紧、时松时紧或忙闲不均的现象发生。如果生产的节奏性被打破，不仅给设备的正常运转带来危害，而且生产人员组织也会发生困难。

化工生产的连续性、比例性和节奏性是相互联系的，并且都是在设计阶段就已确定的。

三、化工生产的组织形式

1. 化工生产的时间组织

化工生产过程的时间组织是指劳动对象经过各生产单位、工序时，在时间上的配合和衔接方式上的组织。时间组织的任务是尽量缩短产品的生产周期。

生产周期是指化工产品从原料投入生产开始，到产品最终产出为止，所占用的日历时间，以天数或小时表示。生产周期是表示企业生产技术经济水平高低的一个重要指标，缩短生产周期，有利于减少资金的占用，减少在制品的数量。提高企业的生产能力，缩短生产周期应以提高经济效益为前提，以技术革新和科学管理为手段，使生产周期缩短或减少生产费用。

产品生产周期时间由工艺过程时间和非工艺过程时间两大部分组成。工艺过程时间的组成可用下列公式表示：

$$T_{工} = \sum t_{基} + \sum t_{辅} + \sum t_{断}$$

式中：$\sum t_{基}$ —— 各工序基本作业时间的总和；

$\sum t_{辅}$ —— 各工序辅助作业时间的总和，指分析、检验、设备调整的时间；

$\sum t_{断}$ —— 工艺上必须的中断时间的总和，指产品转换、物料转换，工艺参数调整所占用的时间。

生产周期的另一个组成部分是非工艺时间。故整个或整批制品的生产周期时间由下列时间组成：

$$T_{生} = T_{工} + T_{自} + T_{运} + T_{检} + T_{停}$$

式中：$T_{工}$——工艺过程时间；

$T_{自}$——自然过程时间，如陈放、冷却、晾干以及沉淀等；

$T_{运}$——半成品在工序之间的运送过程时间；

$T_{检}$——半成品和成品的检验过程时间；

$T_{停}$——等待加工、运送、检验和积聚成批的停顿时间。

应该看到，整批制品的生产周期长度不能只根据各部分过程时间的算术总和来确定。要考虑到某些过程是否同其他过程平行交叉进行（即时间上有重叠）。例如，在工艺加工过程中同时进行抽样检查（即无须停工检查），则检查所花的时间与工艺过程时间重叠。

生产周期的缩短具有很大的技术经济意义。由于各种产品生产周期的决定因素不同，因此缩短生产周期的措施、手段也有所不同。对于机械化和自动化的化工生产而言，生产周期的长短主要决定于工艺过程时间，在这种条件下，要缩短生产周期，首先在于加快或强化工艺过程以缩短工艺过程时间。例如进行技术革新提高自动化控制水平、强化工艺条件等，强化工艺条件的方式有加大压力、提高反应温度、使用催化剂、加快搅拌等。

生产周期中的自然过程，如陈放、冷却、晾干以及沉淀等环节，可以通过人工或机械处理，使自然过程变为工艺过程而缩短其所需的时间。

对于运输所占用的时间，则可以通过改善车间和厂内的运输工作条件来实现。在工艺过程中改进检验、分析方法，做到自动检测和不停工检测，也可以达到缩短生产周期的目的。

2. 化工生产的空间组织

化工生产的空间组织，指生产过程各阶段、各工序及相应的机器设备在空间的分布和位置关系，也就是合理安排各生产单位（车间、工段或小组）的平面布置和工作地、机器设备的排列方式问题。其中最主要的是基本生产车间的组织形式，它决定了生产单位的专业化形式。生产的空间组织有以下两种基本的专业化形式：

（1）工艺专业化生产组织形式。工艺专业化生产组织形式，就是在生产单位中，集中着同类生产装置和同种操作人员采用相同的工艺方法生产不同产品，即“三个相同，一个不相同”。例如，氯碱厂的蒸发车间，用同样的设备、同样的人员和方法生产42%烧碱和48%烧碱两种不同的产品。

这种生产组织形式的优点是：技术力量集中，专业设备集中，有利于技术革新和技术交流，提高工人技术水平；能充分利用生产能力，同时对产品品种变化的适应能力较强。这种形式也有不足之处：主要是物料输送管线长、热能损失大；资金占用多；各生产单位之间的协调工作较困难。

（2）对象专业化生产组织形式。对象专业化生产组织形式，就是在生产单位中，集中着加工同一产品所需要的各种机器设备和各种工种的工人，对同一产品进行不同工艺的加工，即“三个不相同，一个相同。”例如有些精细化工厂生产多种产品，每一种产品由对应的一个车间进行生产，那么，该厂车间设置就是采用对象专业化形式。

这种组织形式的优点是：产品集中于一个生产单位完成，加工流程短；可以缩短物料运送管线，减少损失；可以缩短生产周期，节约流动资金；可以提高生产连续性，有利于采用先进的生产组织形式；有利于按时、按质、按量完成生产任务；有利于生产控制，生产调度比较简单。这种组织形式的不足之处在于：因为同样的工艺、设备、技术工人分散在不同的生产单位，所以不利于技术开发；不利于专业化管理，对象专业化程度越高，产品的调整和转换就更困难，生产单位内部协调工作量越大。

鉴于上述两种生产组织形式各有优劣，因此，在实际生产中，很多化工企业采用混合式生产组织形式：关键的、有共性的环节采用工艺专业化形式；其他环节采用对象专业化组织形式组织生产。这样有利于发挥两种组织形式的优势。

第二节 化工生产中的工艺管理和技术管理

一、工艺管理的要求和内容

对企业的工艺工作进行计划、组织、监督和控制的总称就是工艺管理。

设计工作主要是解决生产什么样的产品问题,而工艺准备和管理是保证新产品试制和正式达到设计要求、指导工人操作、保证产品质量的一项重要的生产技术准备和管理工作,也是企业的一项基础工作。这一工作开始于小试及中试(许多产品具有成熟的生产工艺,在工厂无须小试和中试),而在新产品投入生产之前,由生产准备部门组织有关单位,根据设计要求、设计文件,制订正式的生产技术文件、管理制度,并在实践中逐步修订完善。

1. 工艺管理的要求

在化工企业中,使用同样的设计和原料,如果工艺条件不同,产品的质量和能源消耗水平往往有差别,甚至有很大的差别,经济效果也很不相同,所以要求工艺准备工作要达到:

(1)保证产品质量。

(2)监督原材料、动力、测试手段等条件符合设计要求。

(3)缩短生产准备时间,保证产品如期投入生产。

(4)节省生产准备费用。

(5)保证安全生产。

(6)保证生产不污染环境。

2. 工艺管理的内容

工艺管理的内容主要包括工艺文件准备和日常工艺管理两个方面。

(1)工艺文件准备。

①复核设计工艺条件。工程设计不可能十全十美,难免有一定的瑕疵,因此,在施工过程中,一般会结合实际对工程设计作一定修改。在竣工验收进行生产准备时,要按施工实际对图纸进行对照检查,从工艺角度看其是否能够保证质量和设计

的经济效果，做出审定。

②制订工艺文件。在复核和审定工艺条件的基础上，可以着手编制各种工艺文件。通常包括生产工艺技术规程、安全技术规程、岗位操作法、生产控制化验分析规程、操作事故管理制度、技术经济指标核算规程和工艺管理制度。根据企业的具体情况和产品需要，还可以制订其他的规程和技术管理制度。

制订产品的工艺技术规程以及以此为中心的各项规程制度，是工艺管理中的重要工作。由于工艺技术规程是各级生产指挥人员、生产技术管理人员和技术经济管理人员开展工作的共同技术依据，必须将它管好。

制订工艺技术规程又是新产品生产技术准备工作的一个重要组成部分。在新产品试制过程中，工艺准备工作的主要任务之一就是要制订适用于正常生产的工艺规程并使有关职工正确掌握。

工艺规程的内容及其细致程度，取决于产品的性质、生产类型和加工的工艺特点。例如，对于单件和小批生产，工艺规程的制订要适合于每项订货。而对大批量生产，则要适合于规定的制品数量。故大批量生产工艺规程的内容相对于单件小批生产则要详细得多。通常对于像甲醇、化肥、三酸两碱、农药、合成橡胶、石油化工产品和轮胎等大量或大批生产的产品，要求必须全面地按照该种产品加工工艺过程的每一个工序来制订工艺规程，然后汇总为整个车间以至全厂的工艺规程。

属于这一类产品生产的工艺规程一般包括以下内容：

a. 产品说明，产品规格、型号、别名或俗称，产品物化性质、技术标准和用途。

b. 原料及半成品技术规格，化学、物理性质。

c. 生产方法，基本原理及工艺技术路线。

d. 工艺流程叙述及生产过程中可能出现的异常现象及处理办法。

e. 开停车程序及注意事项，包括正常开车、检查后开车、临时停车、检修前停车、紧急停车。

f. 主要操作规程或工艺技术条件。这是最重要的部分，是决定产品品质的关键，详细说明制造操作的程序和方法，或制造该产品所规定的技术（工艺）条件。

g. 生产控制及分析试验方法。为了保证产品的生产能够按部就班地进行，符合生产作业计划及技术标准所规定的产品质量要求，必须对生产过程进行有效的控制，而各种分析试验方法的运用则是达到控制目的的有效手段。

h. 单位产品的原材料、燃料、动力及劳动消耗定额、设备利用定额及其他综合性经济技术定额。

i. 安全技术要求，其中有关安全防火注意事项应择要说明。

j. 主要设备（电器、仪表及定型设备和大型非定型设备）一览表。

k. 包装和商标，即说明如何包装成品及贴附商标。

l. 原材料、燃料、半成品、成品的计量。

m. 运输和保管规则，即根据产品的性质规定如何搬运及保管。

n. 工艺流程图及主要设备结构。

o. 主要设备工作原理。

工艺规定项目的细致程度要根据产品性质和工艺特点的需要而定，并非每一种产品都具有完全相同的项目。

（2）日常工艺管理。日常工艺管理是企业日常生产活动中不可或缺的工作。其主要内容如下：

①贯彻工艺文件，进行遵守工艺纪律的宣传教育和监督检查。化工企业的工艺文件主要有工艺规程、工艺守则、工艺参数表、设备及工艺装备的调整卡、工艺装备图纸、车间设备平面布置图、综合工艺路线表、劳动定额表、材料和工具消耗定额表等。其中，工艺规程是主要的工艺文件，必须保持它的先进性、可行性、严肃性和相对稳定性，并使有关人员严格遵守。要对职工进行工艺教育和工艺纪律教育，组织工艺人员讲解规程，组织生产职工学习工艺规程和掌握操作方法，上岗前应进行模拟操作和严格的考核，使他们的技能适应工艺文件规定的要求。

②对老产品的工艺进行完善和改进。随着科学技术的进步和原有老产品工艺本身存在的不足，对老产品的工艺进行完善和改进很必要。其目的是：或降低原材料消耗，或降低能源消耗，或提高生产效率，或提高产品质量，或更便于操作，或提高安全性及环保性等。采用管理人员、工人和工艺人员三结合的方法对产品各工艺阶段和各工序的工艺进行检查、分析和鉴定。凡是先进合理的工艺都要坚持使用；应该具有而没有的工艺，要及时补充；对陈旧落后的工艺，经过分析鉴定，加以修改或废除；对有发展前途但目前还不定型的新工艺，组织工艺人员和工人继续试验和改进；对工人的革新创造，实践证明是行之有效的先进工艺，应纳入工艺文件并推广应用。

③整顿补充和更新工艺装备。结合老产品工艺的整顿和修改，对工艺装备的使用情况和技术状态进行清查和整顿，及时更换影响产品质量或能耗过大的工艺装

备；抓紧修复或更新磨损失修的工艺装备；补齐缺少和不配套的工艺装备。工艺装备的整顿可结合工艺规程的整顿进行，也可以结合产品的上场和下场的时机进行。

④开展经常性的工艺情报工作。广泛及时地了解同行业国内外的技术发展动态，搜集整理各种相关的工艺情报资料，并加以充分利用。收集同行信息的方法有网上查询、订阅行业期刊、派员考察、参加行业会议、请专家授课等，企业内部的各种现行工艺文件、工艺研究试验的记录和总结分析报告、职工群众的革新创造和合理化建议等，也是工艺情报资料的重要来源。

⑤加强工艺文件管理，保证工艺文件的完整性、统一性和时效性。完整的工艺文件是指工艺规程、工艺守则、明细表、定额表和工艺装备图纸等文件齐全。工艺文件的统一是指工艺文件要同产品设计文件统一，各级使用的工艺规程统一，工艺规程要同劳动定额表、原辅材料消耗定额表统一。时效性是指工艺文件应适时修改完善，新版颁布，旧版应随即作废。

⑥加强对工艺指标的监控，使生产具有良好的工作状况。各工序均有过程控制指标（也称中控指标），这些指标应定时做好记录，一旦指标偏离正常值，现场操作人员应及时调整工况，如果调整无效，应及时报告工艺人员，工艺人员应会同操作人员一起查找原因，寻求对策，直至问题得到圆满解决。

二、技术管理的任务和内容

化学工业已发展成为一个具有生产、贸易和开发的三维结构体系。衡量一个企业的经济实力，不仅考察其生产和贸易的规模，更重要的是看其开发能力，在精细化工领域尤为如此。

技术管理是指化工企业中有关生产技术组织管理工作的总称。

在化工企业中，进行工艺技术、新产品开发、开展研究、设计等工程技术工作，称为技术工作。对这些技术工作的组织管理，则称为技术管理工作。化工企业的技术管理就是对化工企业的技术进步、技术开发、工程技术活动的组织和管理工作的总称。

1. 技术管理的任务

技术管理的主要任务是推动技术进步，提高企业经济效益，主要包括以下几个方面：

(1)大力开展技术革新、技术革命和合理化建议活动。大力推动技术进步,使企业生产建立在先进技术的基础上。

(2)加快应用研究成果转化为现实生产力的过程。发展新技术,提高企业生产技术水平。

(3)建立和完善生产技术程序。按照改进一代、研制一代、预研一代的方针,积极采用新技术、新设备、新材料、新工艺,加快产品更新换代,推动企业技术进步。对此,每个企业都要制订长远的技术进步规划和年度实施计划,有计划有步骤地加强技术管理工作。

(4)对技术管理做出显著成绩的单位和个人,予以物质和精神鼓励。

2. 技术管理的内容

化工企业的技术管理内容主要包括以下方面:

(1)拟定企业技术发展规划,制订技术文件。

(2)技术开发、技术改造、技术引进等管理。

(3)技术革新、技术发明和合理化建议等管理。

(4)新产品开发和产品设计管理。

(5)生产技术准备工作。

(6)工艺管理。

(7)员工技术培训和技术考核。

(8)技术知识更新与业务水平提高的管理。

(9)标准化管理。

(10)计量管理。

(11)技术情报管理。

(12)技术经济论证。

(13)专利管理。

第三节 生产计划与生产作业计划

企业生产计划是企业经营计划的重要组成部分,它是生产管理的首要环节和生

产系统运行的纲领。生产计划是规定企业在计划期内，应当生产的产品品种、产量、产值、质量和出产期限等指标。它是依据市场调查和市场预测，再与销售计划等各方面综合平衡后确定的。

搞好生产计划，对于实现企业经营目标，编制企业内部其他各项专业计划，进行各方面平衡工作，统一指挥和组织企业生产活动，制订广大职工生产活动的奋斗目标，提高企业经济效益，保证国民经济协调地发展，满足社会需要等都具有重要的现实意义。因此，编制生产计划是企业生产管理的一项重要工作。

生产计划的工作内容包括：调查研究和预测产品的需要量，掌握市场需求变化及其发展趋势；制订生产计划方案，确定投入产出全过程的生产计划指标；安排生产进度，组织实施生产；检查、分析生产计划的执行情况，考核生产成效。

生产计划的任务是充分挖掘企业的内部潜力，合理利用企业资源，为合理组织生产活动奠定基础、指明方向，从而保证全面完成生产任务。

一、生产计划的遵循原则和主要指标

1. 编制生产计划应遵循的原则

(1)普遍性原则。企业生产计划是针对全厂工作的每一个环节而言的。因此，在企业内部，从厂长到每一名企业员工，都必须执行生产计划。

(2)优先原则。计划工作比起组织、指挥、控制其他管理职能来，具有先导性。它使企业的生产经营管理活动具有方向性、目的性和自觉性。计划是组织指挥和控制的依据。因此，只有安排好客观的指导实践的生产计划，才能更好地发挥其他管理职能的作用。

(3)目的性原则。企业的生产计划是为实现企业经营目标服务的，它必须服从企业经营目标的战略要求。

(4)以销定产，满足需求原则。以销定产，满足需求，就是企业按照市场需要制订计划和组织生产，按期、按质、按量、按品种向市场提供所需的产品或劳务。

(5)以产促销，创造需求原则。以产促销，创造需求原则，就是在满足市场需求的前提下，根据自身的生产技术特点，扬长避短，强化企业的核心能力，将既符合专业方向又物美价廉的产品投放市场，提高市场占有率，以生产促销售，创造新的需求。这种策略实质上是积极影响产品需求量的策略，即企业力图影响或控制需求，创造需求的策略。此原则与以销定产原则应灵活掌握和选择其一加以运用。

(6)严肃性原则。当企业所处的外部环境和内部条件在计划期内未发生较大的变化时,生产计划不应随便更改,否则计划会失去权威性,且频繁更改计划会使计划执行人员感到无所适从。

(7)灵活性原则。社会、市场、经济的发展均会对企业的生产经营活动产生影响,企业的外部环境和内部条件并非静止不变的,当它们发生较大变化时,计划应作适当的修改,使外部环境、自身条件、企业目标达成新的平衡。以适应新的变化,扬长避短,发挥企业的优势。

2. 生产计划的主要指标

(1)品种指标。品种指标是企业在计划期内出产产品的品名、型号、规格和种数,它涉及"生产什么"的决策。确定品种指标是编制计划的首要问题,关系着企业的生存和发展。

(2)产量指标。产量指标有商品产量和总产量之分。商品产量是指企业在计划期内生产的,可供销售的一切产品和工业性劳务作业量;总产量则是指企业在计划期内应完成的生产任务的总量,包括准备出售和自用的产品产量,通常采用实物单位或假定实物单位来计量,既是表示企业生产成果的一个重要指标,也是企业进行产供销平衡和编制生产作业计划的依据。

(3)质量指标。质量指标是企业在计划期内产品质量应达到的质量标准。产品质量标准有国家标准、行业标准、企业标准和订货合同规定的技术要求等。质量指标是综合反映企业生产技术水平和管理水平的重要标志,直接关系到企业的生存和发展。质量指标一般用合格率、等级品率来表示。

(4)产值指标。产值指标是用货币表示的产量指标,能综合反映企业生产经营活动成果,以便不同行业比较。根据具体内容与作用不同,分为商品产值、总产值与净产值三种。

商品产值是企业在计划期内出产的可供销售的产品价值。商品产值的内容包括:用本企业自备的原材料生产的成品和半成品的价值;用外单位来料加工的产品加工价值;工业劳务的价值。只有完成商品产值指标,才能保证流动资金正常周转。

总产值是企业在计划期内完成的以货币计算的生产活动总成果的数量。总产值包括:商品产值;期末、期初在制品价值的差额;订货者来料加工的材料价值。总产值一般按不变价格计算。

净产值是企业在计划期内通过生产活动新创造的价值。由于扣除了部门间重复计算，它能反映计划期内向社会提供的国民收入。净产值指标有生产法和分配法两种算法。按生产法：净产值＝总产值－所有转入产品的物化劳动价值。按分配法：净产值＝工资总额＋福利基金＋税金＋利润＋属于国民收入初次分配的其他支出。

二、生产能力的核定和利用

生产能力是指在一定时期内直接参与企业生产过程的固定资产，在一定技术、管理条件下，生产一定种类的产品或加工处理一定原材料数量的能力。

生产能力一般分为设计能力、查定能力和计划能力三种。设计能力是指企业设计任务书和技术设计文件中所规定的生产能力；查定能力是指由于设备老化、技术改造、产品方案和技术组织条件发生了变化，原设计能力已不能正确反映企业的现实生产能力，而需要重新核定的生产能力；计划能力是指企业在计划年度内能够达到的生产能力。

1. 生产能力的核定

生产能力的核定是指对企业、车间、工段班组在一定时期内生产能力进行计算和确定。其作用在于摸清企业现有生产能力，以便利用生产潜力。

(1) 单台设备生产能力的计算：

$$\text{单台设备生产能力}=\text{单台设备有效运转工作时间}\times\text{单台设备单位时间产量定额}$$

(2) 设备组生产能力的计算：

$$\text{设备组生产能力}=\text{设备台数}\times\text{单台设备生产能力}$$

(3) 年平均生产能力的计算：

$$\text{年平均生产能力}=\text{年初生产能力}+\left(\text{年内新增生产能力}\times\frac{\text{年内新增生产能力月数}}{12}\right)-\left(\text{年内减少生产能力}\times\frac{\text{年内减少生产能力月数}}{12}\right)$$

上述各种生产能力，如果是单一产品生产其生产能力可用产品实物量表示；如果是多规格、多型号、多品种的生产，可以折“百”计算，或折标准产品计算，或折代表产品计算。

但是在实际工作中，计算生产能力十分复杂。因为化工生产是多步骤、长流程、连续化的大生产，要考虑与生产有关的因素的影响。例如，劳动力的数量和工人的熟练程度，设备备用状况，设备维修和备品配件的制作能力，企业的运输能力、企业的原材料、半成品和成品的贮存及成品包装的能力，水、电、气的供应条件，等等。这些因素对企业生产能力的影响是多方面的。有些因素是“瓶颈”，必须加以识别和关注。

因此，在确定企业生产能力时，也必须对上述因素进行详细的调查，了解它们对企业生产能力的保证程度，在积极采取措施克服薄弱环节的基础上，进行综合平衡，最后才能正确地确定企业的生产能力。

2. 生产能力的利用

企业应当通过不断提高计划水平来提高生产能力的利用水平。企业的年度计划产量与生产能力之比，称为计划生产能力利用系数；企业的实际年产量与生产能力之比，称为实际生产能力利用系数。

这两个系数可以说明企业生产能力的利用程度，是否还有潜力可挖；其次，在同一个生产体系内，关键工序和其他工序的生产能力的比值，可以定量地说明各工序是否有足够的保证关键工序的能力，是否有“瓶颈工序”。一般，关键工序指进行主化学反应的工序或设备价值特别高、固定资产投入多的工序。非关键工序能力应略大于关键工序，以保证充分发挥关键工序的作用，发挥生产潜在能力。

三、年度生产计划的编制与进度安排

1. 年度生产计划的编制

（1）调查研究，收集资料。编制生产计划的主要依据是：销售部门提供的供货合同及协议，国内外市场动态及市场需求预测数据，企业长远发展规划，上期合同执行情况及产品库存量，上期各种产品生产定额，物资消耗定额，工艺规程和期量标准执行情况，各种生产资料、动力、燃料、可靠供应量及库存量，设备运行状态和备用状态，生产工人思想、技术、出勤等基本素质和培训情况，等等。

在收集资料的同时，还要注意学习和研究国家有关的方针政策，认真总结上期计划执行的经验和教训，研究在生产计划中贯彻企业经营方针的具体措施。

(2)编制草案。在调查研究的基础上，订出初步计划方案，明确规定产品按季、月的产量，质量和品种要求；规定计划期末在制品、半成品的库存量，规定外协劳务量；规定计划所需原料、材料、能源需要量；规定成本降低率和各种相应的技术、管理措施。

(3)综合平衡。在确定生产计划指标时，要把需要和可能结合起来，将初步提出的生产计划指标同各方面的条件进行平衡，计划编制部门应将计划草案发放到各相关单位和相关人员进行充分讨论，广泛征求各方面意见，并修改草案，直至较为完善，使生产任务落到实处。切忌走两个极端，即脱离实际的浮夸和消极保守。综合平衡的内容主要包括：生产指标与生产能力之间的平衡；生产指标与劳动力之间的平衡；生产指标与物资供应、能源之间的平衡；生产指标与技术条件之间的平衡；生产指标与资金占用之间的平衡。生产计划的编制与经营计划的编制一样，在平衡时要留有余地，要有多种方案，确保计划在实施过程中有良好的弹性和应变能力。

(4)审批定案。综合平衡完成的年度生产计划，经厂长审核批准后方可执行。

2. 年度生产计划的进度安排方式

合理安排生产进度，是保证生产计划和订货合同的最关键环节。常见的年度生产进度安排方式有：

(1)平均分配产量方式。即在一年之内各月产量基本一致的方式。此方式适用于社会需求量比较稳定和企业面临的外部条件基本不变的情况。

(2)连续增长分配产量方式。即在一年内各月产量逐月增加的方式。此方式适用于市场需求量逐月地增加，订货越来越多的情况。

(3)连续递减分配产量方式。即一年内逐月降低产量的方式。此方式适用于企业决定淘汰、实行产品方向转移的情况。

(4)变动产量方式。即一年内各月产量各不相同的方式。其决定因素为：原材料、能源供给剧烈波动，生产装置需全部停产检修，市场需求随季节波动(如化肥、农药的需求)，或因生产技术条件的限制需要季节性生产；节日因素导致需求大幅波动；还因为订货交货期和订货量分布不均，用户不同意调整，增加库存不经济或增加库存困难等，这些因素的存在都需要采取变动产量方式来安排生产进度。

在上述四种方式中，除平均方式外，其他几种方式在实际运用时都要注意人、财、物的平衡，尽量避免因产量变动而带来的设备利用率下降及人员情绪涣散等不良现象。

四、生产作业计划的任务、作用和编制

企业在生产总体计划中所安排的产品、时间、单位及考虑的因素不够具体，不能作为指导企业日常生产活动的纲领。这个任务要靠生产作业计划来完成。企业生产作业计划是企业年度生产计划（生产总体计划）的具体执行计划，是生产总体计划的继续和补充，是对企业日常生产活动进行具体组织的行动纲领。它是根据生产总体计划分月任务的需求、上月任务的预计完成情况等，具体规定各个生产单位（车间、工段、班组、工作地）在短时期（月、旬、周、日、轮班、小时）内的生产任务。

1. 生产作业计划的工作任务

（1）保证实现生产计划。它是通过将生产总体计划具体化和适时调整来保证的。生产作业计划把产品、时间、单位和考虑的因素都具体化了：产品由整台产品安排到毛坯、零件、部件（这里是以机械产品为例的）；时间由年、季、月落实到旬、周、日、轮班、小时；单位由厂部落实到车间、班组、工作地、机器设备；考虑的因素具体到日、时等短期的变化。调整指根据短期的重大变化来发现问题，及时解决问题并修正计划。做好具体落实和调整工作是实现生产总体计划的重要保证。

（2）合理组织生产过程。企业生产计划是通过合理地组织产品的生产过程来实现的。任何产品的生产过程都是由物流、信息流、资金（价值）流所组成。生产作业计划的任务之一就是要把生产过程中的“三流”合理地组织协调起来，争取用最少的投入获得最大的产出。

（3）实现均衡生产，建立正常的生产秩序和管理秩序。均衡生产是指企业各个生产环节，在每段相等的时间内，完成相等的或基本相等的数量任务，按计划均匀地进行生产和出产，保证完成计划任务，满足订货单位和市场的需要。实现均衡生产，建立正常的生产秩序和管理秩序，有利于充分利用企业的生产能力，提高产品质量，改善企业管理，全面提高企业经济效益。要实现均衡生产，就必须依靠生产作业计划合理地安排、组织企业各生产环节的生产活动，协调好各环节之间的关系，保证各环节在短期内都能完成任务。

(4)提高经济效益。生产作业计划的任务之一，就是要在产品的生产过程中，严格保证产品质量达到规定的标准，努力减少产品生产过程中活劳动和物化劳动的消耗，最大限度地降低产品生产成本、缩短生产周期、按期交货等，争取获得最高的经济效益。

2. 生产作业计划的作用

编制生产作业计划采用的是整分合原理，其过程为：总体→部分→总体，生产作业计划有如下重要作用：

(1)生产作业计划是生产计划的具体化，把企业生产任务落到实处，细分到车间，班组及个人，对建立正常的生产秩序、管理秩序奠定了基础。生产作业计划是经过综合平衡后认定的计划。所以，它可以作为组织生产活动的依据、检查生产活动结果的标准，也是企业开展劳动竞赛的具体条件。

(2)生产作业计划是组织协调各车间、班组实行均衡生产的重要手段。企业在计划执行过程中，只有各生产环节的生产能力相互平衡，物资、技术条件相互适应，才能取得良好的生产效果。

(3)生产作业计划是企业全体职工开展生产活动的依据，生产作业计划规定了每个职工在生产活动中必须达到的目标。生产作业计划是调动职工生产积极性的重要方式。

3. 生产作业计划的编制

(1)编制前准备。在编制生产作业计划前，应做好一系列的准备工作，否则生产作业计划将因某个环节存在问题而无法执行。首先，要研究企业的月生产指标，了解物资、能源供应情况，设备运行、保养情况，人员的配备、劳动定额的完成情况和消耗定额的执行情况。另外，要研究各种工艺技术文件的准备情况，以及各车间、部门之间有哪些要求，有哪些关系需要协调。同时，对在制品、半成品、成品的库存情况及市场需求情况要做到心中有数，以便在现实、可能的条件下编制出切实可行的生产作业计划。

(2)编制方法。生产作业计划编制的方法是进行综合平衡，使计划符合客观比例关系。平衡的主要内容是产量的平衡，平衡的结果是建立一系列的生产作业期量标准，如班产量、机台产量、批量生产时的品种间隔时间等。生产作业计划最好用图表的方式表示(最常见的图为甘特图),做到简明、形象、易懂,使生产人员能够据此直接核算自己执行作业计划的程度,这样会提高作业计划对生产计划的保证作用,提高生产者完成计划任务的积极性、自觉性。

生产作业计划,一般应在每月25日前由厂计划部门下达下月生产指标,各部门、各车间编制具体生产作业计划,在月底报厂计划部门经综合平衡后,经主管生产副厂长批准,在月底前下达执行。

五、生产作业控制

生产作业控制是实现生产作业计划的重要保证。所谓生产作业控制,是指监督和检查生产作业计划执行情况,把结果与既定标准进行比较,及时发现、分析产生偏差的原因,采取措施纠正偏差,从而保证生产作业计划的全面完成。

1. 生产作业控制的内容

生产作业控制的内容很多,涉及人、机、物等各个方面,主要包括:

(1)人员安排控制。无论自动化程度多高,生产系统最终离不开人的操作,生产负荷的大小波动往往会导致上岗人员数量的变化,人员的安排应满足生产的需要,不能出现忙时上岗人员少,闲时上岗人员多的现象。

(2)生产进度控制。生产进度控制一般包括投入进度控制、产出进度控制和工序进度控制。就化工生产而言,生产进度控制主要指对产出数量差异的控制,也包括对生产余力的控制。生产计划要求在一定时间内达到一定的产量,在实际生产中有时会出现差异,应进行控制。引起差异的原因是多方面的,有些是生产预测不够准确;有些是原材料供应中断;有些是装置、设备发生故障,质量较差造成返工形成的;还有劳动者情绪不稳定,出勤率低也会影响生产进度的完成。无论是超过计划规定要求,还是达不到计划规定,都是异常的,均需进行有效的控制。在实际生产中,为了避免这种现象的发生,常常保持一定的生产余力。

按产品产出量控制进度时,可以利用产品的批号、件号进行统计;按劳务量控制进度时,可以根据工时进行统计。对于化工大批量生产时可用坐标图法表示生产进度的完成情况,见下页图。

(3)实物控制。实物控制是对原料、半成品、在制品和成品等实物流动路线发生的差异的控制。物流路线应按规定的方向和速度进行控制。物流方向发生混乱,会

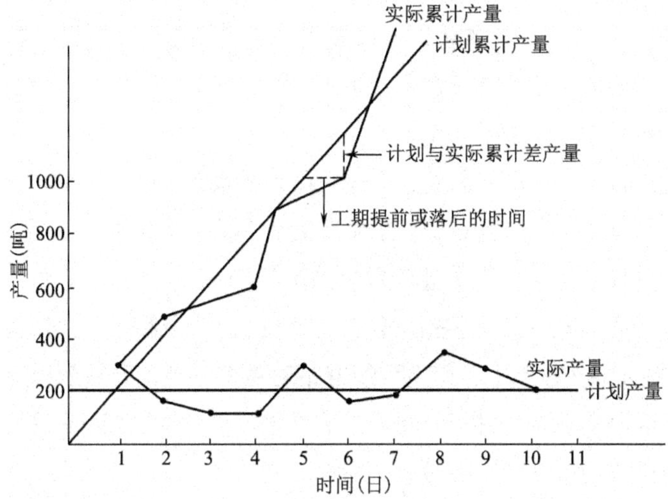

生产进度坐标图

破坏生产的比例性;物流速度过快或过慢均会破坏生产的节奏性,化工企业应当制订物流控制图,规定严格的物流路线、时间和数量、质量标准。发现误差,应及时采取措施,进行处理。对于一些非连续流动的生产过程,物料在工序之间常常会有暂存现象,对此要建立各种原料、在制品、半成品的工序交接制度。

(4)质量控制。这里的质量控制是指对生产过程的质量控制,每个工序应建立若干个控制点,确定控制指标,利用控制图进行分析,当指标超出正常范围时,应及时查清原因和采取相应调整手段。

(5)成本控制。成本控制是对产品在制造过程中实际成本超出计划指标的差异进行控制。具体表现在物资消耗、工时消耗、能源消耗和其他有关消耗定额差异的控制。生产管理重点控制产品成本中的“可变成本”部分。

2. 生产作业控制的步骤

(1)生产安排。生产安排是以作业计划为依据,以生产调度会的形式下达车间当日、当班生产指标,贯彻生产技术文件的工作。要依据上一班、上一日生产中存在的问题和下工序反映出来的要求,安排生产作业计划规定的工作,强调应注意的问题,这项工作是顺利进行生产作业控制的基础。

(2)作业分配。作业分配是以任务单形式下达到岗位、作业者的工作。任务单要注明作业名称、方法、进度、质量、消耗、设备保养工序交接等具体要求。化工生产管理中，尤其要注明标准工艺参数的控制中心和上下限度。任务单和值班记录应在每天上班前发出，下班之后收回。

(3)作业监督。作业监督是对生产作业活动的反映。生产管理人员要通过专职的人员监督、仪器监督和作业人员的互相监督，了解生产作业的进度、作业方法、人力、物力消耗、设备运行负荷和质量等方面的实际情况。

(4)作业控制。作业控制是在科学的生产安排和明确的作业分配，及时、准确、系统监督的前提下，按生产计划和实际的差距对生产作业活动进行调节。

以上四个环节彼此联系，相互影响，且它们构成一种循环关系，即上一轮作业控制完成后，新一轮的生产安排又开始了。

第四节 生产调度管理

化工生产具有工艺复杂、物料危险、设备繁多、全天候作业等特点，因此设立一个全厂统一的生产调度系统是必不可少的。否则，整个企业处于无序状态，其后果不可想象。生产调度根据企业确定的经营目标、方针、计划和所下达的具体任务、组织协调生产，直接决定了企业能否按品种、按质量、按期限、按目标全面完成生产经营计划。在市场机制下，更应做好产、供、销、运、贮的平衡。加强调度工作，根据“少投入，多产出，快产出”的原则，科学合理地组织生产，充分利用资源，有效地进行生产控制，提高企业的劳动生产率，以取得最好的经济效益。因此，生产调度是组织和指挥企业生产活动的中心。生产调度工作是企业实现生产经营计划，保持均衡稳定运行，搞好生产的重要手段。

一、生产调度工作的基本原则和制度

1. 基本原则

(1)计划性。生产调度是现实的调度，每行一步都要受到客观实践的检验。在生产系统内，当条件未发生大的变化的情况下，应严格执行计划，保持计划的严肃性。

(2)预见性。生产调度工作应及时掌握各种与生产相关的信息，如产品需求信

息,成品、半成品库存信息,原材料库存信息,能源供给信息等,根据大量有用的信息对下一步生产发展趋势做出合理判断,以便超前采取相关措施,不打无准备之仗。

(3)统一性。"一切行动听指挥"。这是社会化大生产,特别是高度连续且有诸多危险因素的化工生产的需要。各级调度人员应当遵守下级服从上级、各级调度机构服从全厂生产调度室高度统一的指挥。

(4)及时性。根据生产需要,迅速发出调度指令,解决问题要准确果断,做到"小事不出班,大事不过夜",即小问题尽可能在8小时内解决,大问题尽可能不超过24小时解决。

(5)群众性。调度工作涉及人、装备、原材料等各种生产要素,但在生产系统中,人是中心要素,其他要素受人支配,为了使调度工作能够做到纵向指挥畅通,横向联系密切,就必须把工作建立在依靠和相信群众的基础上。

2. 生产调度制度

(1)调度值班制度。由于化工生产不能中断,各级调度部门应建立调度值班制度,实行全年365天,昼夜24小时连续地组织指挥生产。每班应做好当班记录。

(2)调度报告制度。要把每天生产活动情况以及调度处理结束,及时以日报形式向上级主管部门报告。

(3)调度会议制度。要定期召开由领导、各职能部门主管、各车间主管参加的调度会议,汇报生产进度,了解薄弱环节,协调各方面关系,制订有关措施,保证生产作业计划的顺利完成。

(4)现场调度制度。深入现场,了解第一手资料是调度工作不可或缺的制度,否则就会发生情况了解不透彻而盲目指挥,导致工作失误。现场调度应做到一般性的协调问题调度员在现场处理;生产急需解决的重大问题,调度人员会同领导、技术人员、工人在现场共同研究解决。

二、生产调度的机构设置和人员素质

1. 机构设置和技术装备

生产调度机构的设置因企业的规模、生产类型和生产特点不同而异。一般来说,规模较大的企业可设置厂部、车间、工作三级调度网。中小型企业可设置厂级、车间级调度网,各级调度部门应设有专职调度室。

为了提高调度工作的质量和效率，企业各级生产调度部门应适当配合各种必要的和先进的调度技术装备。例如专用调度电话，对讲机、手机、传真机、工业电视、微型计算机及网络、录音机等现代化管理工具；自行车、摩托车、越野车等交通工具。

2. 生产调度人员素质

由于生产调度工作涉及面广，且不允许出现大的差错，因此生产调度人员应具备良好的素质。生产调度人员必须具备大专或相当于大专以上文化水平，专业以管理类或工学类为宜，有一定的实践经验，组织指挥能力和协调能力强，思路清楚，反应敏捷，身体健康，年富力强。不但具有广泛的专业知识和技能，并且有较强的组织观念和过硬的工作作风。新调入的调度人员经过一段时间培训和跟班实习后，应熟悉全厂各种产品的生产原理，了解工艺流程和主要设备配备情况，掌握一般情况下和紧急情况下系统开停车的步骤。经全面考核合格后，新调入人员才可上岗值班。

第四章 物资管理

第一节　概　述

物资管理是工业企业不可缺少的管理环节。物资管理水平的高低直接影响着企业的生产经营成本，进而影响企业的效益。

一、物资的概念及分类

1. 物资的概念

物资的概念有广义和狭义之分。广义的物资包括生活资料和生产资料两部分；狭义的物资是指经过劳动加工的、具有实物形态的，可以用作流通的生产资料，包括用于社会再生产的原材料、辅助材料、燃料、动力等。而物资管理中的物资，仅指生产过程中所需要的生产工具和原材料、辅助材料、燃料等，不包括生活资料，也不包括土地、生产性建筑物、道路等生产资料。

2. 物资的分类

物资从不同的角度可以分为不同的类型。

（1）按其在生产中的作用可分为：原材料、辅助材料、燃料、设备、配件、工具等。

（2）按其本身的自然属性可分为：金属材料、非金属材料、燃料、机械设备和电工材料等。

（3）按其使用范围可分为：生产基建用物资、技术设备维修用物资、轻工业用物资、重工业用物资、军用物资和民用物资等。

（4）按其适用范围分可分为：通用物资和专用物资等。

二、物资管理的定义、意义和任务

1. 物资管理的定义

物资管理是指对企业生产经营活动所需各种物资的采购、运输、保管、发放、合理使用和综合利用等一系列计划、组织、控制等管理工作的总称。

2. 物资管理的重要意义

物资管理是企业生产经营管理的重要组成部分，是保证生产发展和提高经济效益的重要环节。物资管理也是保证企业正常生产活动不可缺少的条件。通过物资管理，对保证物资的正常连续供应，提高产品质量，节能降耗、降低产品成本，加速资金周转，提高企业生产效益和经济效益都具有重要意义。

3. 物资管理的任务

物资管理现在正在经受市场经济新体制的挑战。总结、提高、推广现代化物资管理手段和方法，已经成为企业迫在眉睫的重要战略性任务。物资管理的基本任务可概括为以下几点：

(1)搜集物质供求信息，坚持"货比三家"，尽量选购质优、价低、供应有保障的渠道。

(2)按质、按量、按时，均衡地供应各种物资。

(3)合理使用和节约物资。

(4)加强库存控制，确定合理库存。

(5)物资管理的各环节，如采购、入库、保管、发放、使用均有严格的制度和手续。

(6)采用新技术、新材料、新工具，促进企业生产技术进步。

三、物资管理的内容和要求

工业企业物资管理的主要内容和要求有以下几个方面：

1. 建立与健全企业物资管理机构

企业要管好物资，就要根据"精简、统一、高效"的原则，对企业的物资进行统一管理，做到管供、管用、管节约。规定各部门的职责权限和规章制度及岗位责任制、分级管理、集中领导、统一指挥。具体内容包括物资管理组织机构设置的必要性、物资管理的基本原理、物资管理的组织形式、物资管理部门的职责、物资管理的规章制度。

(1)物资管理机构设置的必要性。由于物资管理机构是企业管理的重要组成部分,其机构的主要职能是保证物资计划的完成。各职能部门如果能严格按岗位责任制发挥作用,能合理使用和节约物资,会给企业带来较大的经济效益。只有设置物资管理机构,物资管理才能有组织保证。

(2)物资管理组织的基本原理。物资管理组织就是把企业任务与组织职能联系起来的一种手段。它依据统一指挥确立合理的管理幅度和管理层次,责、权、利相结合和才、职相称的原则,根据国民经济和科学技术的发展,及时总结新的设计原理和原则,以达到新的、更高的管理水平。

(3)物资管理的组织形式。物资管理的组织,依据企业生产规模和生产技术特点不同,可以分为职能式组织、区域式组织、产品式组织和内外分工式组织等。它们各有优缺点。

①职能式组织。职能式组织是一种集权式管理,企业的物资管理由最高领导层中确定一名主管领导,物资业务管理工作在主管领导的统一领导下由职能部门的负责人指挥,职能部门下设计划业务、采购业务、仓库业务、运输业务等专门科室。企业实行采购集中、贮存集中、运输集中。

优点:权力集中,分工明确。

缺点:各业务专门科室之间协调不够,易产生矛盾。

②区域式组织。区域式组织是一种分权式管理,一般适用于企业集团和大型企业。物资管理的具体业务工作包括编制物资计划、采购和仓库管理等工作,分别由分厂和车间统一组织。企业的物资部门主要负责计划的综合平衡、进行业务指导,以及调度和调节各仓库的余缺物资。

优点:基层物资部门与生产部门紧密配合。

缺点:采购和管理分散,费用大,成本高,经济效益差。

③产品式组织。产品式组织是一种专业化管理。企业按产品或物资分类成立专业仓库,作为一个相对独立的物资管理系统,下配计划、采购、仓库和统计核算人员。企业的物资部门主要负责编制物资综合计划、物资调度和运输调度等工作。这种形式适用于规模较大、品种较多企业。

优点:可以按产品或物资类别一统到底,专业化程度高,适应性强。

缺点:组织分散,综合平衡困难,易产生层层设库,资金周转慢。

④内外分工式组织。内外分工式组织是改革开放以来引进国外物资管理的一种方式。目前,我国不少企业也在采用。这种组织形式是企业专门成立物资采购部门,全面负责物资采购和对外业务联系;而企业内部的物资管理全部由生产部门统一管理,实行企业内部和企业外部工作的高度分工。

在实践中,应综合这四种形式,从实际情况出发,灵活组合使用。

(4)物资管理部门的职责。具体制订物资供应部门的职权,部长的职责、职权等。按责、权、利原则,供应部长应做到尽责守职,确保完成了物资供应任务,企业应给予奖励,否则应给予惩罚,做到"奖、惩分明"。

(5)物资管理的规章制度。一套比较完整的操作规程和工作标准能保证企业物资供应和管理工作的分工协作得到加强,使职工有章可循,避免浪费和经济犯罪。物资管理的制度一般分为三种:基本制度、工作制度、岗位经济责任制。

2. 加强物资消耗定额管理

物资消耗定额是反映企业生产技术和管理水平的重要标志。制订和执行先进合理的物资定额,对于加强企业计划管理、节能降耗、降低成本以及提高经济效益有重要作用。物资消耗定额是编制物资供应计划的重要依据,是实行科学管理的重要手段,是控制合理使用物资的有力工具,是企业考核经济效益和实行奖罚的标准。因此,实行物资消耗定额管理是极其必要的。在物资消耗定额管理中,首先要明确物资消耗定额的构成和制订定额的方法。然后对物资消耗定额进行执行和管理。在制订物资消耗定额时,应在保证产品质量的前提下,力求经济合理,采用先进工艺、科学的方法。选用的物资尽量符合降低产品成本的要求,善于利用新技术和代用材料;同时,要注意物资的完整性及物资的现实资源情况与供应的可能性。

3. 科学编制物资采购供应计划

物资采购供应计划是企业采购物资的重要依据。科学、准确、及时地编制各类物资采购供应计划,加强物资供应计划的管理,是保证企业持续性发展,防止物资积压,加速周转、节约资金、降低成本及提高经济效益的重要保证。首先,要由供应部门通过调查研究,广泛征求基层生产部门意见,根据企业生产需求制订物资采购计划，科学制订所需消耗物资的品种和数量。其次，做好物资供应计划执行情况的统计分析工作。通过物资入库、消耗和库存及实际工作中发现的需不断完善的问题，逐渐掌握物资供应工作的规律，促使管理水平不断提高；通过物资收、支、存的动态变化，分析物资供应、消耗、库存间平衡关系，以便及时发现问题，改进工作，从而提高经济效益。

编制物资供应计划的程序一般分为四个步骤：准备阶段、核算阶段、确定基本数据阶段和编报阶段等。在计划编制以前，必须充分掌握有关资料，如物资市场供应情况，企业内部的生产计划，新产品试制计划、技术改革计划、维修计划、成本计划、物资消耗定额、物资储备定额等。并做好内部准备工作，明确组织分工，全面分析上期物资供应计划的执行情况，总结经验教训。然后对物资需用量进行确定和核算。在基本数据阶段确定四个方面的数量：计划需用量、储备周转量、可用资源量和提出申请量。最后，根据各方面准备好的资料和数据，经过综合平衡，进行物资编报。

4. 严格把握物资的采购订货供应

物资采购工作是物资管理工作的重中之重，采购工作的好坏直接关系到能否及时、准确地把质优、价廉的物资采购进来，满足生产建设的各种需求，严格把好物资采购关，对企业能否安全、持续生产起到至关重要的作用，是企业控制产品成本的关键所在。通过货比三家，比质量、比价格、比运距、比付款方式，充分平衡，以达到追求采购物资整体成本最低的目标，实现提高经济效益这一宗旨。

要想严把物资采购关，首先必须提高物资管理人员的文化业务素质。采购人员应有的文化业务素质包括良好的思想品德、丰富的专业知识，组织管理和分析判断能力，善于学习和创新，能吃苦耐劳，有质量观念、市场观念、价值观念、竞争观念、服务观念、政策观念等。要通过各种途径提高员工的文化业务素质，培养一支高素质的管理队伍。其次，要充分了解物资市场行情。掌握市场动态，了解各方面因素（如政治、经济环境因素、消费者消费因素、生产因素、价格因素、竞争因素等）对物资市场的影响，从而进行正确地采购管理。再次，要正确处理好供需关系。供需关系依据以下原则来协调：一是供方应对供应产品质量负责；二是供需双方应尊重对方的自主权利；三是需方应向供方提供充分的技术资料和明确的规格要求；四是供需双方签订公平合理的经济合同；五是供需双方应预先确定合理的评价方法；六是供需双方建立业务活动联系;七是供需双方都要考虑消费者的利益。

5. 加强物资的库存管理

严格按照物资管理规程和验收办法,做好物资的验收、入库、保管、发放各个环节的工作。企业的库存担负着保证生产建设所需物资的重要任务。保管、保养好仓库物资,实现科学管理,不断提高企业管理水平,做到账、卡、物相符合,采取 ABC 科学管理方法,充分利用有效的流动资金,保证生产正常需求,避免造成物资积压和浪费。加强物资仓库管理工作,对企业生产正常进行和提高经济效益、降低成本具有十分重要的作用。

6. 优化物资运输管理

无论是物资进货、发货还是送料、回收等工作都离不开物资的运输与装卸。对物资运输的总体要求是以最短的运输路线、最快的运输速度、最少的运输环节、最低的运输费用来完成物资的运输工作。其内容主要包括以下方面:

(1)物资的合理运输。与合理运输相对的是不合理运输。不合理运输是指对流运输、过远运输、迂回运输、重复运输等现象。物资运输方式有铁路运输、公路运输、航空运输、水路运输、管道运输等。它们各有优缺点,具体选择何种方式应根据物资的性能和特点、供需情况、地理条件、运输费用等来确定。

(2)承运与调度。运输业如果归口在物资供应部门,其承运方式有两种。一种是采用"收料交接目录"方式,即采购员根据供货单位的提货凭证开出收料后交给仓库专职收料员,仓库收料员在登入"收料交接目录"台账后,将各类凭证送交运输组签收,编制物资运输计划,办理提运手续。另一种是采用"托运要车单"方式。按托运要求详细填写,并由用车辆部门主管领导签字后,在用车前三天送交运输组以便统一安排。运输组在接到仓库专职收料员以及各部门送来的提运单、托运凭证,由调度员根据生产进度、运输任务的轻重缓急以及物资类别、路程远近等情况,编制运输计划,开出运输任务单,调度车辆。

(3)物资运输的考核。对物资运输的考核指标有公里、吨位、油耗、安全、违规记录等五个方面。实行奖惩制度。

第二节　物资定额管理

物资定额管理包括物资消耗定额管理、物资储备定额管理、物资供应定额管理和物资途耗、库耗定额管理四个方面。其中，物资消耗定额和物资储备定额是最基础的定额。

一、物资消耗定额管理

1. 物资消耗定额的概念及分类

物资消耗定额，是指在一定条件下生产单位合格产品或完成单位工作量，合理消耗或投入使用的物资数量指标。编制物资计划的一个重要依据就是物资消耗定额，它是核算物资需要量，进行物资供需平衡的必要基础，在物资分配和供应中也必须根据物资消耗定额进行择优安排，核实供应。物资消耗定额可以按照物资的不同用途、物资的自然属性、物资应用范围进行分类。

按照物资在生产中的用途可划分为主要物资消耗定额、辅助物资消耗定额、燃料消耗定额、机电产品配套定额（包括成套项目配套定额和单位配套定额）、工具消耗定额等。按照物资消耗定额的应用范围可划分为物资消耗单项定额、物资消耗综合定额。按物资消耗定额制订的不同用途可分为物资消耗工艺定额、物资消耗供应定额。

2. 物资消耗定额的意义

企业进行产品生产必然要消耗各类物资，如原料、燃料、工具等。这些消耗都需要科学地确定消耗量、制订消耗定额。物资的消耗定额与产品成本成正比，与企业经济效益成反比，即消耗定额越高则产品成本越高，企业经济效益越低。可见，搞好物资定额管理是与企业切身利害攸关的大事情。而先进、合理的物资消耗定额，对于加强企业经营管理、提高经济效益、降低产品成本更是起着较重要的作用。

（1）物资消耗定额是企业编制物资供应计划的重要依据。物资供应计划是在物资消耗定额的基础上，计算了物资需要量、储备量、申请量或采购量等后编制出来的。所以，物资消耗定额制订的先进、合理，物资供应计划就能编制的较准确、科学。

（2）物资消耗定额是搞好物资供应管理工作的重要基础。物资供应管理工作的主要任务就是管供、管用、管节约。有了物资消耗定额，物资供应部门就能按定额要求，依据生产进度，按质、按量、按时组织物资供应，实行定额发料，检查、督促物资使用，开展物资核销工作等，以达到节约物资、避免发生过度储备积压等现象。如果没有物资消耗定额，则所有这些管理工作都难以进行。

（3）物资消耗定额是促进企业合理使用物资的重要工具。先进、合理的物资消耗定额是有效使用物资的标准。它能够促进广大职工在生产过程中节约物资，杜绝物资浪费现象，能促使生产单位加强经济核算，开展综合利用，改进操作方法和工艺流程，千方百计降低物资消耗，以较少的投入生产出更多、更好的产品。

（4）物资消耗定额是提高企业生产技术水平的重要手段。先进、合理的物资消耗定额是建立在先进生产技术、管理经验和工艺条件基础上的。定额的执行与修订可以促进企业采用先进的生产技术，改进生产劳动组织，提高工人的操作技术水平，推动企业生产技术水平提高。

（5）物资消耗定额是促进企业增产节约的重要条件。企业有了先进、合理的物资消耗定额，就能够有效地动员和促进广大职工节约使用物资，减少损失浪费、降低物资消耗，以节约求增产。

3. 物资消耗及定额的构成

（1）物资消耗的构成。研究物资消耗构成是正确确定物资消耗定额构成的基础。物资消耗构成是指从取得材料到加工、制成产品或零件整个过程中物资消耗的各个部分。一般是由有效消耗、工艺损耗和非工艺损耗三部分构成。有效消耗是指构成产品或零件净重的材料消耗量，是物资有效的消耗部分，净重是指按图纸和技术条件要求，经过加工的最终重量，它不包括喷漆、电镀覆盖层的重量；工艺损耗是指材料在加工准备及加工中，由于产品结构、形状、尺寸等工艺技术的要求，所必须消耗的部分，包括加工前的下料损耗、为保证产品质量和顺利加工所预留的加工余量损耗、在生产过程中不可避免和基本不能回收的永久或半永久的自然损耗，以及不能满足产品工艺要求所发生的残料损耗；非工艺损耗是指由于生产中产生废品或运输保管不善、供应材料不合要求以及其他非工艺原因所产生的物资消耗。在这些损耗中有合理的与不合理的，有可以避免的与不可避免的。

（2）物资消耗定额的构成。物资在生产过程中的消耗并不都是有效的、必须的。因此，物资消耗定额只能包括其中有效消耗这个主体部分和不可避免、不可回收利用的工艺损耗部分，以及合理的或不可避免的非工艺损耗部分。严格说来，非工艺损耗一般是由于管理工作中的缺点造成的，不是制造产品必需的消耗，因此在理论上不应列入定额之中。但在实际工作中，由于物资管理水平、生产技术与供应条件所限，这部分损耗又是难免的，必须包括在定额内。这一矛盾是采用工艺定额与供应定额分别解决的。由设计部门按产品结构、工艺规程和生产技术条件所制订的定额，称为工艺定额。由物资部门为编制相应计划而制订的定额，称为供应定额。两者的计算公式如下：

单位产品材料工艺定额 = 单位产品（零件）净重 + 工艺性损耗总和
= 单位产品净重 ×（1 + 各种工艺性损耗的产品净重的百分比）

材料供应定额 = 材料工艺定额 ×（1 + 材料供应系数）

通过按工艺定额的一定比例确定的材料供应系数，把不可避免的、合理的非工艺损耗包括在定额中，解决了物资消耗定额在理论与实践中的矛盾。显然，同种物资供应定额大于工艺定额。

4. 制订物资消耗定额的方法

制订物资消耗定额应具有先进性和合理性两条标准。所谓先进性，就是在保证产品质量不断提高的前提下，企业在计划期内所采取和物资消耗定额有关的技术组织措施，使制订的定额具有先进水平。所谓合理性，是指定额标准必须是合理的、有科学根据的、在本企业是切实可行的，绝大多数职工经过努力可以达到的标准。制订物资消耗定额通常有以下五种基本方法。

（1）理论定额法。理论定额法是根据物质不灭定律，通过化学反应分别计算反应物和生成物重量的方法。

这是化工企业普遍采用的一种方法。例如把化工原料作为化学反应式中的反应物，把化工产品作为生成物，根据分子量就可以计算出生产单位产品所用的原料重量。然后，再结合生产实际进行测定，依据不同产品产率，就可以确定原料的实际消耗额。

【例】某化工厂用钠与乙醇生产乙醇钠。求生产2000kg乙醇钠消耗钠的理论定额是多少?

化学反应式: $2Na + 2C_2H_5OH = H_2 + 2C_2H_5ONa$

分子量: (46) (136)

计 算: $46/X = 136/2000$

$X = 676.5(kg)$

通过计算得知,生产2000kg乙醇钠消耗钠的理论定额为676.5kg。

(2)技术计算法。技术计算法是根据产品设计图纸和工艺文件,并充分考虑先进技术和工人先进操作经验的应用,在工艺计算的基础上所制订定额的方法。

$$H_e = G + \sum g$$

式中:H_e——某种主要材料的工艺消耗定额;

G——生产单位产品所用材料的物资消耗净重;

$\sum g$——生产单位产品所用材料的工艺性损耗。

这种方法适用于零件图纸和工艺文件比较齐全、产量较大的产品。

(3)统计分析方法。统计分析法是根据以往生产中物资消耗的统计资料,并考虑吸取先进技术经验和计划期内生产技术组织条件的变化所制订的定额方法。其计划公式为:

$$N_e = \frac{\sum (h_1 + h_2 + \cdots + h_n)}{n}$$

式中:N_e——某种原材料的消耗定额;

$\sum (h_1 + h_2 + \cdots + h_n)$——历年同期实际消耗量之和;

n——统计年数。

这种方法适用于制订消耗规律性较强的化工原料的消耗定额。

(4)经验估计法。经验估计法是根据技术人员和生产工人的实际经验,并参考有关技术文件和产品实物及生产技术组合条件变化等因素来制订定额的方法。适用于在缺少技术资料和统计资料情况下采用。

(5)实际测定法。实际测定法是运用现场秤、量和计算等方法,对工人操作时的物资消耗量进行测定。然后通过分析计算,制订物资消耗定额的方法。运用这种方法时应注意生产条件和生产工人的典型性和代表性，测定次数一般不应少于三次，以便真实地反映物资的消耗水平，避免偶然性。这种方法适用于生产批量大、周期短、工艺简单，涉及加工工种和人员较少的情况下采用。

5. 物资消耗定额管理

企业必须加强对物资消耗定额的管理，在主管厂长或总工程师统一领导下，实行归类分级管理。一般来说，主要原材料和辅助材料由物资供应部门负责制订，燃料、动力和设备维修用料的消耗定额由设备动力部门负责制订，劳动保护用品的消耗定额由技术安全部门负责制订，工具、模具消耗定额由主管工具、模具部门负责制订。概括来说，企业物资供应部门必须从以下几个方面重视和认真加强物资消耗定额的执行和管理工作。

第一，建立严格的责任制度和管理制度。

第二，建立与健全物资消耗定额的原始记录和统计工作。

第三，掌握定额的变动情况，及时修改物资消耗定额，随着产品结构的改进和新技术、新工艺的采用，物资消耗定额必须要做相应的变动和修改。同时定额执行中也可能发现问题，这就要求工艺技术部门和物资供应部门及时修改物资消耗定额，经常保持先进合理的定额水平。

第四，开展增产节约，加强班组管理和经济核算。

二、物资储备定额管理

1. 物资储备定额的概念与作用

物资储备是生产资料、产品离开生产过程，还未进入生产消费过程的间隔时间内的停留。这种停留是保证社会再生产不间断进行的客观必要条件，同时又是社会产品的一种扣除。因此，只有当物资的储备量保持在社会再生产正常进行所必要的限度内，这种物资储备才具有积极意义。过多的物资储备会带来流通过程的停滞，过少的物资储备又会造成社会再生产的中断。所以，研究和建立物资储备的全部意义就在于寻求确定这种储备量的必要限度，以实现保证社会再生产正常进行，充分发挥物资效用，加速流通过程，提高企业和社会经济效益的目的。

(1)物资储备定额的概念及分类。物资储备定额是指在一定的管理条件下，企业为保证生产顺利进行所必需的、经济合理的物资储备数量标准。

物资储备定额按其具体作用和运用条件的不同,一般有下述几种分类方法。按定额指标计量单位,可分为用时间表示的相对储备定额和用实物单位、用金额表示的绝对储备定额。按储备定额的综合程度,可分为个别储备定额、类别储备定额和综合储备定额。按物资储备的不同作用,可分为经常储备定额、保险储备定额和季节储备定额。

(2)物资储备定额的作用。物资储备定额是企业物资管理工作的重要基础资料,它的作用主要有:一是企业编制物资采购计划,确定采购量、订购批量和进货时间的重要依据;二是企业掌握和调节库存量变化,使储备经常保持在合理水平的重要工具;三是确定物资仓储条件,进行仓库规划的主要依据;四是财务部门核定流动资金的重要依据。

2. 物资储备定额的构成与计算

物资储备定额一般是由经常储备、保险储备、季节性储备和特殊储备等组成。

(1)经常储备。经常储备是指在企业前后两批物资进厂的间隔期内,为保证生产正常顺利进行所必需的储备量。它具有周期性的特点,由供应间隔期决定,与供应方式有关。其计算公式为:

$$C_i = L \times (T_p + B_e + V_j)$$

式中:C_i——经常储备定额;

L——某种物资平均每日需要量;

T_p——供应间隔天数;

B_e——检查验收天数;

V_j——使用前准备天数。

其中,某种物资平均每日需要量、检查验收天数及使用前准备天数较易计算。计算供应间隔天数时,在品种单一、年需要量和一次订购费用比较稳定的条件下,可以用经济批量法先计算出每次订购量,然后再计算供应间隔天数。经济批量法计算公式为:

$$Q = \sqrt{\frac{2 \times D \times S}{H}}$$

式中:Q——某种物资每次订购数量;

D——某种物资年需要量；

S——某种物资一次订购费用；

H——某种物资的年均保管费用。

(2)保险储备。保险储备是企业为了防止在物资供应中可能发生的误期到货等不正常情况而建立的物资储备。保险储备在正常情况下是不予动用的。其计算公式为：

$$P_x = L \times T_x$$

式中：P_x——保险储备额；

L——某种物资平均每日需要量；

T_x——保险储备天数。

其中，确定保险储备天数是关键因素。其计算方法一般根据前期的平均误期天数来确定。对于容易采购的物资其保险储备天数应较小。

(3)季节性储备。是指在受季节性生产或季节性运输影响而不能正常供应物资的条件下，为保证生产正常进行所建立的物资储备。其计算公式为：

$$M_n = L \times D_t$$

式中：M_n——季节性储备定额；

L——某种物资平均每日需要量；

D_t——季节性储备天数。

(4)特种储备。特种储备是企业根据某些特定的条件或特殊的要求而建立的物资储备。其公式与季节性储备类似。

综合单项储备定额即可计算出类别储备定额和综合储备定额。

三、物资供应定额管理

物资供应定额是指在物资消耗定额的基础上，按一定的比例加上各种非工艺性损耗，它是企业物资供应部门在日常供应管理工作中需要执行的一种技术性、业务性和效益性的定额。其计算方法为：

$$J_o = H_e + U + Y$$

式中：J_o——某种物资的供应定额；

H_e——某种物资的消耗定额；

U——某种物资的途耗定额;

Y——某种物资的库耗定额。

物资途耗、库耗定额一般根据历史数据和经验或同行数据等得出。主要化工原料的库、途耗定额可根据参考额求出。

第三节　循环经济与废旧物资管理

物资工作坚持管供、管用、管节约、管回收的原则。中共十一届三中全会后,物资流通领域中市场调节部分逐年增加。物资管理部门由分配管理型向经营服务型企业转变,对化工物资的节约与回收利用逐步重视。企业逐步树立起循环经济的理念,以应对激烈的市场竞争和环境带来的压力。

一、循环经济的内涵

循环经济的概念于20世纪90年代后期在工业化国家出现,它是相对于传统经济而言的一种经济形态,代表了一个新的发展趋势。其基本含义是指通过废弃物或废旧物资的循环再生利用来发展经济,其目标是使生产和消费过程中投入的自然资源最少,向环境中排放的废弃物最少,对环境的危害或破坏最小,即实现低投入、高效率和低排放的经济发展。循环经济的提出,是人类对难以为继的传统发展模式反思后的创新,是对人与自然界关系在认识上不断演进的结果。

工业革命以后,由于科学技术的进步,生产力发生了质的变化,人类拥有的物质财富得到了极大的丰富。人们因此而产生了一种错觉,以为自然资源是“取之不尽,用之不竭”的,工业生产排放的废弃物似乎也不会对环境产生严重的危害。由于对资源和环境容量的有限性缺乏认识,人类在取得一个个成就的同时,也付出了沉重的代价。第二次世界大战结束后至今,工业废弃物产生的公害夺走了成千上万人的健康和生命,环境破坏造成了数以百万计的生态难民。20世纪70年代的两次石油危机给世界经济带来了巨大冲击,加之全球人口的急剧增加,传统的发展模式已经到了难以为继的地步。这些严酷的现实,迫使人类对自己与自然的关系进行深刻的反思,形成了可持续发展这一全新的发展观。

循环经济的产生和发展,首先是废弃物管理战略转变的需要,也是产业链的有机延伸。而循环经济的核心也就是我们原来所说的废旧物资回收和资源综合利用，但两者又不完全相同。一是出发点不同。过去我们讲废旧物资回收，主要是因为物质匮乏，通过节约和废旧物资回收利用来缓解供应短缺；现在是强调提高资源的利用效率，降低经济发展的社会成本，创造一个更好的生活环境。二是范围不同。过去我们强调的是生产资料，如废钢铁、废玻璃、废橡胶等的回收利用，而循环经济中要实现减量化、资源化和无害化（"三化"）的废弃物，已从生产领域扩展到生活领域，重点是城市的生活垃圾。三是途径不同。过去我们通过计划实现废旧物资回收再生，现在则是在法规和标准的严格执行前提下，通过市场运作来发展循环经济。

二、物资节约途径

1. 开展物资综合利用

在化工生产过程中，不可避免地会排放一定数量的废气、废液和废渣。将"三废"充分回收利用，变废为宝。例如氯碱工业的盐水工序在生产过程产生的盐泥就可作为地板砖的原料，又如电石法制聚氯乙烯产生大量的电石渣，可作为水泥的原料。

2. 改进产品设计，采用先进工艺

例如用离子膜法替代隔膜法制烧碱，碱损失率会大幅降低，原材料消耗相应降低。

3. 加强废旧物资的回收与利用

对一些废旧设备、备品、配件进行加工、修复、改制等，废旧化工原料降级使用。

三、废旧物资管理

工厂废旧物资回收利用，是循环经济的具体实践。对于废旧物资，应根据各种废旧物资的特点进行清理拣选，分类归档。然后积极加工处理，变废为宝，并建立分户台账。为了推动废旧物资的利用，可建立一些回收废旧物资的制度，如报废领新制度、以旧换新的本票制度、修复领用制度、节约统计制度等。为调动职工积极性，还应建立节约物资的考核指标体系，以定量的形式进行考核，并给予职工以适当的奖励。只有这样，才能将修旧利废工作长期、持久地坚持下去。

第五章 设备管理

“工欲善其事，必先利其器。”机器设备是从事生产的主要物质和技术基础，是生产力的重要因素之一。企业生产能力的大小、生产效率的高低，企业生产的品种、质量、交货期、原材料消耗、能源消耗以及安全、环境保护、员工情绪等，都在不同程度上取决于设备的完善情况。特别是随着科技的发展和全球化进程的加快，企业之间的竞争愈来愈激烈。

企业竞争对设备的技术水平和完善程度提出了越来越高的要求。就化工企业而言，由于生产过程多数是在设备内进行的，且生产条件极其苛刻，多为高温、高压、强腐蚀，因此设备管理尤为重要。

第一节　概　述

设备是指企业生产或提供服务时所需的除土地、建筑物以外的有形固定资产。

一、设备分类与管理

1. 设备分类

设备在生产或服务时有不同的用途，可分为以下几类：

（1）生产工艺设备。用来改变劳动对象（原材料、毛坯、半成品）的尺寸、形状、性能、使劳动对象发生物理或化学变化的那部分设备。例如机械加工厂中的车床、钻床、刨床等，化工厂中的反应釜、聚合釜、电解槽等。生产工艺设备是企业设备中的主要构成，是企业的中心设备。

（2）辅助生产设备。指为主要生产提供服务的设备，如制造业中的动力、运输设备等，化工厂中为化学反应提供热源的锅炉、提供冷量的速冷冻机等。

(3)科研设备。指企业内部进行科研实验用的测试设备、计量设备,如化工厂的色谱仪、测振仪等。

(4)管理用设备。指企业经营管理中使用的各种计算机、复印机、传真机、碎纸机等办公设备。

(5)公用福利设备。主要指企业内的医疗卫生设备、通信设备、炊事机械设备等。

2. 设备管理

设备的运动表现为物质运动形态和价值运行形态两种形态。前者是指设备调研、规划、设计、制造、选购、安装、使用、维修、改造、更新、报废等;后者是指设备的初始投资、维修费用支出、折旧、更新改造资金的筹措、使用和支出等。设备管理就是根据企业生产经营目标,通过一系列的技术、经济和组织措施,对设备整个寿命周期内的所有设备物质运动形态和价值运动形态进行的综合管理工作,其根本目标是达到设备的寿命周期费用最少而综合效能(包括产量、质量、成本、交货、安全、环保等指标)最高。

设备管理的基本任务是:

(1)根据企业经营目标及生产需要制订设备规划。

(2)根据技术上先进、经济上合理、生产上可行的原则正确地选购设备,必要时组织设计和制造。

(3)安装调试即将投入运行的设备,并对已投入运行的设备正确合理地使用。

(4)运用各种先进的检测手段,灵活采取各种维修方式、精心维护保养设备并及时检查设备状态,确保生产正常进行,并使设备综合效能最高。

(5)适时改造和更新设备,保证企业的技术进步,使企业的生产活动建立在最佳的物质技术基础之上。

随着科学技术的发展,生产的现代化水平不断提高,设备日益向高、精、尖发展,开展设备管理的重要性显得更加突出。

二、设备管理的发展历程

设备管理水平是随着科技的发展和人们认识水平的不断提高而逐步提高的。其发展过程可划分为事后修理、预防维修、生产维修、维修预防和设备综合管理五个阶段。

1. 事后修理

这是比较原始的设备维修制度。设备发生故障后再进行修理，仅以恢复原来的功能为目的，不坏不修。这种修理方法由于修理内容、时间长短等具有很大的随机性，且缺乏修理前的准备，因而修理停歇时间长，经常影响生产计划的顺利执行，这种方式是被动的维修制度，很难适应现代化生产的要求。

2. 预防维修

随着机器设备的日益复杂，修理所占用的时间已成为影响生产的一个重要因素。因此，为了防止设备突发事故影响生产，20 世纪 20 ~30 年代美苏等国提出了预防性维修的概念，由事后维修向定期预防维修转变。这种制度要求设备维修以预防为主，在设备使用过程中做好维护保养工作，加强日常检查和定期检查，根据零件磨损规律和检查结果，在设备发生故障前有计划地进行修理，这不但延长了设备的有效寿命，也使修理停歇时间大为缩短，提高了设备有效利用率。

3. 生产维修

生产维修是 20 世纪 50 年代出现的维修制度。它是针对预防维修有时工作量太大或造成过分保养而提出的，其目的在于从提高企业生产经营的经济效果出发来组织设备维修。根据企业的实际生产情况，对重点设备采用预防维修，对一般设备采用事后修理。这样既可以集中致力于重要设备的维修保养工作，又可以节省维修费用和时间。

4. 维修预防

虽然设备的维修保养、修理工作进行得好坏直接影响设备故障率和利用率，但最终往往起决定性作用的还是设备本身的质量，先天不足往往使设备的修理工作难以有效进行。于是 1960 年出现了维修预防的思想，即在设备的设计、制造阶段就考虑维修问题，提高设备的可靠性和维修性。维修预防是设备维修制度方面的一个重大突破。

5. 设备综合管理

设备综合管理始于 20 世纪 70 年代，在设备维修预防的基础上，从行为科学、系统理论的观点出发，解决由于使用现代化设备而带来的一系列新问题，提高设备管理的技术、经济和社会效益。

使用现代化设备带来的新问题主要有：

(1)科技成果的广泛应用使设备的现代化水平大幅度提高，日益趋向高速化、精密化、电子化、多功能化，在带来生产的高效率和高效益的同时，也导致设备故障损失大、环境污染严重、能源消耗大、设备腐蚀和磨损加快等负面后果。

(2)资金密集型的现代化设备使得设备的投资费和使用维修费都需要支付大量资金，对设备维修、管理的经济性提出了更加迫切的要求。

(3)随着设备结构复杂程度的不断提高，设备管理的环节不断增多，从研制、安装调试、使用、维修一直到报废，各环节相互影响，相互制约，任何一个环节的管理失误都会影响整台设备的效益发挥。此外，设备管理中涉及的科学技术知识的门类越来越多，单凭某一学科的知识无法解决现代化设备中的重大技术问题和管理问题。

(4)随着设备现代化水平的提高，岗位分工越来越细，操作工人因工作单调易产生疲劳。同时，设备的操作由于仪表、按钮的增多使人们的感官能力较难适应。因此，需要研究人与机器的匹配关系，保证人与设备能够协调地动作，追求“人机合一”境界，以保护操作工人的生产情绪与生产安全。

正是面对上述的新问题，在系统观点指导下，逐步形成设备综合管理的新制度。

三、设备综合管理

设备综合管理的理论基础是设备综合工程学，是为了谋求寿命周期费用最少而将适用于有形资产的相关工程技术、管理、财务以及其他业务工作加以综合的学科。通俗地讲，设备综合工程是一门以设备工作寿命为研究对象，以提高设备综合效率，使其寿命周期费用最经济为目的的综合性管理学科。

设备综合管理是指对设备实行全方位、全系统、全运动形态、全员的管理。对设备全方位管理，是指对设备的技术、财务和组织进行管理。对设备全系统管理，是指对设备一生的全过程进行系统管理，包括对设备的规划、设计、制造安装、使用维修、改造、更新直至报废的全过程进行系统管理。对设备全运动形态管理，是指对设备物流和资金流形态进行全面管理。对设备全员管理，是指涉及设备的各方面的有关人员，从经理到生产工人都参加设备管理。

设备管理一般应以设备使用运行管理为中心，确保生产活动顺利进行，但设备使用运行正常与否又决定于设备的购置及更新改造。如果购置的本身存在缺陷，或者设备不能随技术和经济的发展而相应的更新改造，就不可能使设备在生产上正常运行。同时，对设备两种运动形态进行管理，才能将对设备的技术与经济两方面管理结合起来。

总之，通过对设备综合管理才能达到设备技术和组织状态较佳、经济上合理的设备管理目标，保证生产的顺利进行。

第二节 设备购置管理

一、设备的选择

设备购置是设备管理的首要环节。它决定了设备的生产运行状况，也决定设备更新改造的状况。设备购置控制的目标是使所购买的设备技术上先进、经济上合理、生产上适用。为了达到这一目标，购置设备时一般要进行定性的技术分析和定量的经济分析。进行定性的技术分析要注意以下几方面：

1. 生产性

生产性是指设备的生产效率，一般表现为设备功率、效率等项指标，某些设备则以单位时间内产品产量来表示。在其他条件相同时，应选择生产率高的设备。生产效率高的设备一般为电子化、自动化、大型化、高速化的设备。例如氯碱工业中用于输送氯的透平压缩机，它替代了早年使用的效率较低的液环泵。

2. 可靠性

可靠性是指对产品质量（或工程质量）的保证程度。其实质是反映设备性能或精度的保持性、零部件的耐用性、设备运行的稳定性。它一般以设备所加工的产品、零部件的物理性能和化学成分，以及所完成的工程可靠性等技术参数来表示。例如对于金切机床，以加工精度表示。

3. 维修性

维修性是指设备整体结构与零部件等需要修理的系统所具有的易于维修的程

度大小，以及可否修理等情况。它用设备修理复杂系数来表示。维修性好的设备，一般是指结构简单，零部件组合合理；维修时零部件容易接近，可迅速拆卸，易于检验；标准化水平高，互换性较好等。选择设备时，应尽力选择易修设备。

4. 节约性

节约性是指设备对能源和原材料的消耗要低。设备的能源消耗是以单位开动时间的能源消耗量来表示，如小时耗电量、耗气量等。在选择设备时，应尽力选择能源消耗低，原料加工利用程度高的设备。例如电化学反应过程中采用的扩展阳极电解槽替代固定阳极电解槽，可节约电解耗电量。目前在机加工业中，少切削、无切削设备正在逐步代替金切加工设备。另外，还要节约一次性投资费用。

5. 安全性

安全性是指设备在使用过程中保证生产安全和人身安全的程度。在选择设备时，要考虑设备在操作时的安全性，防止发生人身或设备事故，要有防护装置，如机泵的联轴器有要防护罩；防爆场所不得使用普通电机，必须使用防爆电机。

6. 成套性

成套性是指设备的配套水平，这是形成设备生产能力的重要标志之一。设备的成套性要求单机、机组、项目配套。单机配套，指一台机器设备中各种随机工具、附件、部件要配备成套。机组配套，指一套机器的主、辅机，控制设备要配备成套。项目配套，指一个新建项目所需各种设备的成龙配套，如新建项目所需的工艺设备、动力设备、辅助生产设备要配套。

7. 适应性

适应性是指设备具有灵活地适应不同工作条件、加工不同产品的能力。适应性表现在：当工作对象固定情况下，设备能够适应不同的工作条件和环境，使用、操作灵活方便，如矿山设备要求适应井下巷道和地质状况。化工设备要求能适应工况条件的变化，如温度的波动、压力的波动、浓度的波动、流量的波动，适应性好的化工设备，业内一般称其操作弹性好。对于工作对象可变的加工设备，要求能够适应多种加工性能、通用性强，能适应产品更新换代，多品种生产要求。例如，精细化工生产常用一套生产装置轮番生产多个品种的产品。

设备结构紧凑、重量轻、体积小。目前设备一方面向大型化、自动化、精密化、高级化方向发展，另一方面是向小型化、微型化、简易化、廉价化方向发展。在选择设备时，要从生产实际出发，不要盲目向高、大、精、尖发展，要讲求实效。

8. 环保性

环保性是指设备防止环境污染或保护环境的能力。在选择设备时，要求设备噪声小，排放有害物质对环境污染程度小，配有治理“三废”的附属设备和配套工程。要把设备对环境污染控制在保护人体健康的卫生标准范围以内。

9. 耐久性

耐久性是指设备物质寿命和技术寿命，设备寿命长，更新次数便可减少。

以上是选择设备所应考虑的一些主要因素。实际中没有十全十美的设备，选择设备时要统筹兼顾、权衡利弊，以购置到理想的设备。

二、设备的评价

除了进行定性分析外，设备选择时还要进行定量分析评价。定量分析评价就是进行经济分析。在选择设备时进行技术、经济分析，才能选出技术先进而又经济合理的理想设备。一般的经济评价方法如下：

1. 投资回收期法

这是评价设备投资效益的主要方法之一。购置设备必然要支付一笔投资费用，包括购置费、运输费、安装费等各项费用。采用投资回收期法时，要计算不同设备的投资费用、新设备所带来的净收益或节约额，再用投资费用与净收益或节约额比较，根据比较的优劣，决定最终的取舍。投资回收期的计算公式如下：

$$\text{投资回收期}=\frac{\text{设备投资额(元)}}{\text{采用新设备后年净收益或节约额(元/年)}}$$

一般情况下，如果各方案的其他条件相同，则投资回收期最短的设备为最优设备。

2. 费用换算法

设备寿命周期内所发生的费用由两大部分组成，即购买设备时的一次性投资费用和设备使用过程中所发生的维持费或使用费。由于资金具有“时间价值”，所以在不同时期所发生的费用不能直接进行数量比较。费用换算法就是按“资金时间价值”原理对费用进行动态地修正计算，从而能够更准确地进行经济性评价的方法。其计算方法有现值法和年费法两种：

(1)现值法。现值法是将每年维持费用通过将来值换算成现值的公式，换算成相当最初(第一年)的费用数额，最初一次投资费不变，然后进行总值比较。总费用最低为最优设备。

(2)年费法。年费法是将把购置设备一次性支出的投资费，依据设备的寿命周期，按“资金时间价值”计算，换算成相当于每年分摊的原始投资，再加上每年的维持费得出不同设备年平均总费用。对不同方案的年平均总费用进行比较、分析，选择最佳方案，即最优的设备。

3. “费用效率”分析法

“费用效率”分析法，又称寿命周期费用法。这种方法以最佳费用效率作为选择准则。“费用效率”的计算公式如下：

$$\text{费用效率}=\frac{\text{系统效率}}{\text{寿命周期费用}}$$

上式中，系统效率是指选择和评价设备的一系列因素所表示的效果。它包括产量、质量、成本、交货期、安全、劳动情绪等方面，这是一个综合指标。

寿命周期费用是指设备寿命周期总费用，包括设备的购置费和设备的维持费。设备购置费包括设备价格、运输费和安装费，若是企业自行研制的，应包括设备方案的研究、设计、制造、安装试验，以及编印使用和维修设备的技术资料所支出的费用；设备维持费用是指设备在使用期间所支出的与设备相关的一切费用，包括设备维修保养、操作人员的工资与费用、能源消耗费、发生事故的停工损失费、保险费和固定资产税金等。当不能用定量分析时，可用定性分析，如安全性分析、成套性分析等。

第三节 设备的日常管理与事故管理

一、设备日常管理

设备的日常管理是企业生产系统的重要工作，其主要内容如下：

1. 设备的分类、编号、登记与建档

化工企业的机器设备种类繁多，为了便于管理，必须对机器设备进行分类、编号和登记，并建立设备卡片说明规格、型号、材质、制造日期、制造厂家、使用日期等。然后由设备管理部门、生产部门和财务部门登记入账。

各类登记入账的机器设备都要建立技术档案。档案内装有设备的技术资料，主要有设备出厂的说明书、鉴定书、图纸、设备检修登记表、设备事故报告及修复记录等。技术档案反映设备的基本面貌和变化情况，是企业的重要资料，需设专人保管并及时将变化情况登记入档。企业必须建立健全的设备技术档案管理制度。

除了建立完整的设备技术档案外，在日常生产过程中，还应搞好设备的物质运动的原始记录和统计资料。例如零部件磨损情况，耗油、耗电情况，工作效能情况等，为修理工作和改进设备提高效率，提供依据。

2. 设备的封存、调拨、变卖与报废

对于暂时不使用的设备应进行封存，办理封存手续的设备应停止摊提折旧费。封存的设备要妥善保管。对于本企业不适用的设备应予以调出或变卖。调出或变卖按管理权限、经有关部门批准，并及时作好账务处理。

超过使用年限并磨损严重或腐蚀严重、无修复价值或耗能高、效率低的设备应予以淘汰，由使用部门申请报废。

3. 备品配件管理

设备的正常运转及其效能的正常发挥还与品配件的供应是否及时、质量优劣密切相关。设备管理部门应选用质优价廉的产品，合理确定储备数量，备齐关键设备的关键部件、易损部件。

使用部门每个月要根据设备运行情况提出备品配件计划，按规定时间报设备主管部门。主管部门再综合编出采购计划，并及时派员进行采购。对仓库贮存的备品配件应设专人负责保管，按类分编，设架摆放，防止受潮生锈、腐蚀变质，造成浪费。

二、设备事故管理

由于存在种种不确定因素，实际生产中难以完全杜绝设备发生事故。在化工企业中，因设备非正常损坏或设备故障而影响生产或必须停机修理的，都称为设备事故。按设备损坏程度和对企业生产影响程度，一般把设备事故分为四类，即微小设备事故、普通设备事故、重大设备事故和特大事故。

1. 设备事故原因

造成设备事故的原因很多，如设备设计不合理、制造质量差、安装调试有缺陷、违章指挥或违章操作、维护保养不当或维修质量不好、超期检修或检修方案有误、设备的安全附件失灵、仪器仪表失灵等。

综合引发事故的原因，可以归纳为三大类：一是责任事故，一般都是因相关人员失职造成的；二是质量事故，多由设备、材料等内在质量不良造成；三是因为自然力的作用引起的。其中，责任事故和质量事故在相关设备管理人员的努力下是可以避免的，所以设备事故管理的重点在此。

2. 设备事故的管理原则

设备事故的管理原则是分级管理和分工负责。

(1)设备管理部门的设备事故管理。设备管理部门要设专人管理全厂的设备事故，即专职设备事故的管理人员。此人必须责任心强，能坚持原则，并具备一定的专业技术知识和丰富的工作经验。设备事故管理人员的主要工作有：按照法律法规和行业规定，结合本企业的实际情况，拟定必要的规章制度；组织或参加设备事故的调查处理；研究和采取防止事故发生的措施；做好事故的登记、统计和上报以及事故档案的整理与保管等。

(2)车间设备事故的管理。车间的设备主任、工艺员、设备员、工段长和班组长是设备事故管理的各级负责人。他们必须在企业主管的领导下，认真执行各项规章制度，并保证规章制度的落实。此外，他们还要对操作工、检修工的实际工作进行监督和指导，狠抓劳动纪律和工艺纪律，及时纠正不正确的操作，发现事故苗头随时解决，把事故消灭在未发生时。

3. 设备事故的调查处理

（1）设备事故发生后，要及时保护理场，抢救伤员。

（2）设备管理部门的事故负责人，接到事故报告后，要立刻前往现场组织调查处理。

（3）主管人员到场后要立即收集第一手资料，包括拍照、摄像、绘制现场图、收集必要的现场遗留物、做好目击或在场人员的询问记录等，以便进行事故分析。这项工作非常重要，尤其是化工企业的压力容器爆炸一类的重大事故，这项工作更是必不可少。

（4）成立专门的组织来分析事故原因。

（5）必要时，要进行模拟试验，如超温、超压试验等。

（6）建立事故档案，将每次事故的各种资料和材料都要立卷存档，妥善保存。

（7）针对事故，制订对策和措施，并限制其实施，防止类似事故再次发生。

（8）事故的处理原则，即事故原因分析不清不放过，事故责任者和群众没有受到教育不放过，没有制订出防范措施不放过，事故责任者没受到处理不放过。

第四节　设备运行监测、维护及修理控制

一、设备的合理使用

设备运行监测包括设备使用控制、设备磨损和故障规律、设备状态监测。其中，设备使用控制是设备运行控制的核心，其目的是保证生产正常稳定地进行。为此，应在掌握设备磨损和设备故障发生规律的基础上，制订相关的设备使用、设备状态监测、维护和修理制度，使设备运转正常和设备运转费用最省。

所谓合理使用设备，是指按照设备性能和使用要求来合理地安排任务，合理地进行操作，防止不按使用范围要求来使用设备，防止不科学的现象发生。

设备寿命的长短、生产效率和精度的高低虽然取决于其自身结构和性能的好

坏，但在生产中合理地使用起重要作用。正确地、合理地使用设备，可以减少磨损、延长寿命和保持设备应有精度、性能、工作效率，同时还有利于维修，从而做到高产优质。合理使用设备，使设备经常处于良好状况，是全体职工重要的职责，也是设备控制的重要环节。合理使用设备应做好如下几个方面的工作：

（1）根据企业自身的生产特点和工艺过程，合理地选择和配置机器设备。

（2）根据各种设备的性能、结构和技术特点，恰当地给设备安排生产任务和工作负荷。企业的管理者在制订生产任务时，要以设备的性能、生产能力、技术特性、使用范围、工作条件和设备的精度等技术资料为依据，不仅不要超负荷、超范围、超精度、超条件，还要尽可能避免"大机小用"或"精机粗用"，造成设备效率降低或设备功能浪费。

（3）配备合理的设备操作人员，实行"三定"。企业配备设备操作人员时，首先，一定要实行考核和凭证操作制度，即操作人员在使用设备之前必须进行培训，学习设备的结构原理和性能特点，学习操作技能、维护保养技术和安全等知识，并经考试合格后，取得操作证，实行凭证上岗操作的制度。其次，要实行"定机"、"定人"、"定责"的三定制度，即把设备交给生产工人，实行专人操作和维护，使每台设备的使用、维护和保管的职责落实到确定的人员身上，并把每个人的工作成绩作为评奖、晋级的考核指标。实行"三定"的一般原则是：单人使用的设备由操作者负责，多人使用的设备由班组长或机长负责，公用设备指定专人负责。

（4）建立和健全设备管理的规章制度，严格按技术操作规程进行操作。设备使用管理的规章制度一般包括：

①设备使用规程。它规定了开机前应做些什么准备工作；开、停机的操作顺序及安全注意事项；常见的故障处理办法；紧急情况的处理以及设备所能达到的主要技术指标和允许的极限值范围等。

据统计资料表明，大约有30%的事故是因操作失误造成的。由此可见，操作工人严格按使用规程操作，注意控制各项操作指标，如温度、压力、转速、负载、流量、电流、电压等，操作中发现不正常现象，及时查明原因、排除故障是设备正常运转的基本保证。

②设备的维护规程，即设备维护保养制度。它规定了操作工人日常应做的保养维护工作和检查工作。它是保持设备良好状态的必要保障措施。

③设备人员岗位责任制。这个制度规定了设备管理方面，从厂长到生产工人每

一级、每一个岗位的具体内容、职责以及明确的考核标准。

④交接班制度。这是有关交接班手续的规定，它明确了设备管理人员、设备维修人员、设备操作人员等各方面人员在交接班时所应承担的交班和接班的责任与义务。

(5)为设备创造良好的工作环境。不同的设备，对环境有不同的要求。例如电器设备所处的环境不能太潮湿，计算机系统环境气温不能过高等。设备管理人员要根据这些要求创造一个适应设备运行的环境。这不仅要求有关人员在厂房设计与设备安装时要充分考虑设备对环境的各种不同要求，还要在设备运行中不断地改善或维持一个良好的符合设备要求的工作环境。

(6)对操作人员进行合理使用和爱护设备的经常性教育。我国化工企业在多年的设备管理实践中总结了一些十分有效的做法，要求操作人员做到“三好”、“三会”、“四项要求”、“五项纪律”、“润滑五定”。

①“三好”。一是管好，即操作人员须负起管好设备，使设备的附件、仪器仪表、安全防护装置保持完好无损的责任，在设备运行中不得擅离岗位，及时发现并及时报告或处理设备事故；二是用好，即操作人员必须严格按操作规程使用设备、保持设备的灵敏可靠；三是养好，即操作人员必须按维护保养规定，及时清洁、润滑、调整、紧固，保持设备性能完好。

②“三会”。要求操作人员一会使用，即熟悉设备结构、性能、运行原理和范围；二会分辨设备运行中出现的不正常音响或其他状态，熟知设备开机前和停运后的检查项目；三会排除故障，即对运行中出现的故障会处理，能排除的及时排除，无力排除的，要及时报告及检修，不可拖延。

③“四项要求”。指操作人员要做到一整齐，工具、工件放置整齐，完全防护装置齐全，线路、管道完整；二清洁，设备清洁，环境干净；三润滑，按时加油、换油，保持设备运转顺滑；四安全，保持设备运行中的设备及操作人员的安全。

④“五项纪律”。一是无操作证件不准操作设备；二是设备清洁，润滑良好；三是严格执行交接班制度；四是随机附件、工具齐全；五是发现故障，立即停机检查或上报。

⑤“润滑五定”，包括定点、定时、定质、定量和定人。定点，即按规定的加油点加油；定时，即按规定时间加油；定质，即按规定的油质用油；定量，即按规定的油量加油；定人，即由专人加油。

二、设备磨损规律和故障规律

1. 设备磨损规律

由于设备在使用过程中不断磨损并发生故障，因此必须掌握设备磨损规律和故障规律。设备在使用过程中会产生两种磨损，即有形磨损和无形磨损。

设备的有形磨损，也称物质磨损，是指设备在使用过程中，其技术性能逐渐劣化，或实体磨损，如设备的精度和工作能力不断降低，机械磨损，疲劳、腐蚀、变形、老化等。它分三个阶段，如图 5 -1 所示。

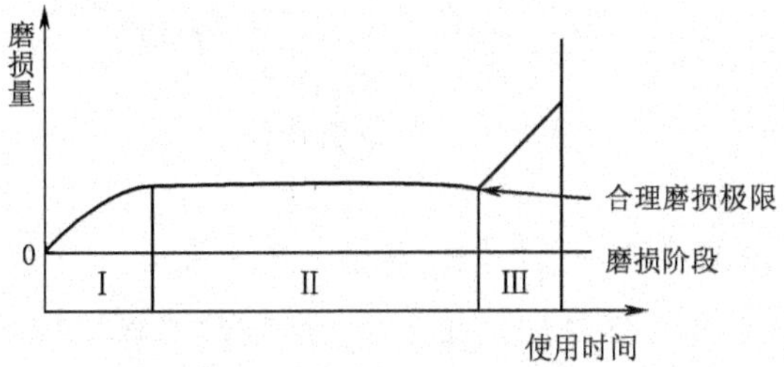

图 5 -1 设备磨损规律

第一阶段，指设备的初期磨损阶段。在该阶段，设备零件的相对运动发生表面几何形状磨损，磨损速度很快，时间延续较长。

第二阶段，指设备正常磨损阶段。在该阶段，设备磨损速度比较平稳，磨损增值缓慢，产品质量有保证。这是设备使用中的正常磨损阶段，设备处于最佳的技术状态。这个阶段延续时间较长。

第三阶段，指设备的急剧磨损阶段。该阶段设备的零件磨损急剧增加，设备性能和精度迅速降低，甚至损坏。因此，必须在这一阶段出现之前，对设备进行维修或更新。

设备的无形磨损，又称经济磨损，是指由于科学技术的进步而不断出现性能更加完善、生产效率更高的设备，致使原有设备的价值降低，或者由于工艺改进、操作熟练程度提高，生产规模扩大等使相同结构设备的重置价值不断降低，而导致原有设备贬值。无形磨损分为经济性磨损、技术性磨损、综合性磨损。

2. 设备故障规律

与设备磨损规律相对应的，为设备故障规律。设备在运转时会出现各种各样的故障。设备故障发生率与设备使用时间和设备磨损阶段有关。

如图5－2所示，设备故障发生率有三个阶段。

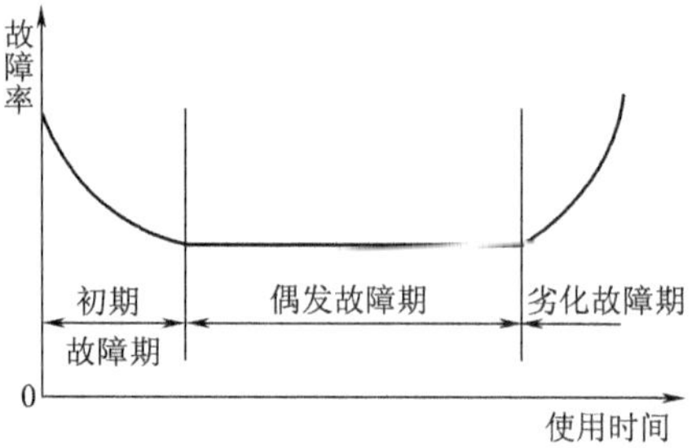

图5－2 设备故障规律

第一阶段，指初期故障期。该阶段设备的故障主要是由于其零部件的设计制造缺陷和操作人员对设备的不熟悉所引起。这一阶段故障率较高，但持续时间较短。

第二阶段，指偶发故障期。在这一时期，故障率最低，设备处于正常运转时期。故障的发生往往是由操作者的失误引起，所以控制工作的重点应放在加强操作管理和日常维护保养上。

第三阶段，指劣化故障期。该期设备的一些零部件已经老化，故障率又急剧上升，直至不能使用。因此，在劣化故障期之前，就应对设备进行修理或者更新。

三、设备状态监测

设备状态监测是在设备不停止运行、不拆卸（或基本不拆卸）的情况下，利用仪器、仪表或人的感官功能（视、听、触、嗅等）监测手段对设备运行状态进行监视测量，判断设备运行是处于正常、异常或故障状态，以便对设备进行适当的控制。设备状态监测包括设备状态诊断、监测技术和监测方法。

1. 设备状态诊断

设备状态诊断包括原始诊断、简易诊断和精密诊断。

（1）原始诊断。原始诊断是指利用人的感官功能，凭借人的经验来监测设备的运行状态，是人的主观监测。

（2）简易诊断。简易诊断是指在不停机、不拆卸（或基本不拆卸）的情况下，用仪器、仪表监测设备整体或单个部位的各种不同信号形态或间接参数，据此对设备的技术状况或单个部位的劣化程度做出概括的定性判断。这是比较客观的状态监测。

(3)精密诊断。精密诊断是指根据状态监测的信号和参数，对判定为“有异常”的设备，由专门人员应用更完善的手段进行更全面的监测，以便定量地掌握设备的技术状态，确定异常的形式和种类、部位、原因和程度，预测异常的未来发展，确定改善设备状态的方法。

2. 设备状态的监测技术

对设备进行控制，首先要对设备状态进行监测，近年来的监测技术主要有传感技术、信息处理技术、识别技术、预测技术等。

3. 设备状态的监测方法

(1)温度监测。温度监测多是不停机监测，使用的方法有：

①温度计监测。其原理是温度计中的液体(一般为酒精或水银)承受温度变化而体积发生变化，从而指示不同的温度。

②接触式温度传感器监测。其原理为通过接触监测对象，由传感器的感温元件反映其温度。这类仪器有热电偶传感器、电阻传感器、液体膨胀式传感器等。

③非接触式传感器监测。其原理是根据物体的能量辐射来推算表面温度，如光学高温计，红外测量仪等。

④温度指示带监测。这是简易的表面测温法。指示带是一条自粘带，带上有温度指示值，把它粘在被测物体上，当被测物温度升高到带上某个量值时，相应的部位会变成黑色。

(2) 泄漏监测(气体)。检查气体是否泄漏，最简单的就是皂液检漏法。在化工厂，经常针对气体遇某一物质产生明显反应而判定是否泄漏，如用醮有氨水的棉纱检查氯气，如有白烟冒出则表明氯气泄漏了。

①氦质谱仪。是灵敏度很高的测漏仪器，其原理是往被测物体内充入一定压力的氦，然后用吸头监测有无氦泄漏。

②红外分光仪泄漏检测器。它以选定的红外线波长测定气体量。

(3) 泄漏监测(液体)。

①流量差法。通过比较出、入口的流量来判断有无泄漏。

②压力曲线法。通过分析配管系统压力曲线变化来判断配管泄漏与否。

（4）裂缝监测。

①染色法。将着色渗透液涂于被测表面，有裂缝时，便会渗入其中，再将多余液体洗掉，涂上显像剂，就可看到裂缝痕迹。

②射线法。采用易穿透物质的γ中子或X射线来探伤。

③超声波探伤法。经探头射入高频超声波于被检物中，如果有缺陷，则入射波会反射后经探头接受放大。

（5）腐蚀监测。

①极化电阻法。对被测对象进行微极化，根据极化时的极化电阻值，可求得瞬腐蚀速度。

②超声波测量。常用脉冲反射式超声波厚度仪，可以方便快速地检测出全面腐蚀的残余厚度。

（6）振动监测。振动监测方法机械技术、光测技术和电测技术三类。目前使用较多的是电测技术，其原理是通过振动传感器将机械参数如位移、速度、加速度、力等变换为电参量，再测量电参量。

监测的方法有很多，而且随着科学技术的发展，各种各类的先进的监测方法还会更多，企业应结合设备的实际情况来选择适用的监测方法用于设备状态监测。

四、设备的维护保养和修理制度

设备的维护保养和修理制度是控制设备正常运转和延长设备物质寿命的必要手段。企业应在充分掌握设备（尤其是关键设备）的磨损规律和故障发生规律的基础上，根据企业的实际情况，制订相应的设备维护保养制度和修理制度，以便达到设备控制的目标。

1. 设备的维护保养制度

目前企业中较多实行的设备维护保养制度是“三级保养制度”，即日常保养、一级保养和二级保养。

日常保养是由操作人员每天对设备进行的例行保养，主要包括班前对设备进行检查、润滑；班中随时注意设备的运行状况、检查油标、油位、压力表、指示信号、保险装置是否正常；班后进行清洁和各种记录。例行保养由操作人员承担，大多在设备表面做工作。

一级保养是在专职修理人员指导下，以操作人员为主，定期对设备的局部和重点零部件进行拆卸、检查、清洗和定期维护。

二级保养是以专职修理人工员为主并由操作人员协助，定期地对设备进行保养。其保养项目和部位较多，它是对设备进行部分解体、检查和局部修理、全面清洗的一种计划检修工作。

2. 设备的修理制度

设备的修理是保证设备正常运转和提高设备寿命的重要手段。设备修理管理的基本原则是保证生产，节省费用。企业设备种类繁多，应针对设备的不同特性，运用20—80规律，采取分级分类管理，这样，不仅可以集中企业设备管理的有限技术力量和管理力量于重点设备，使占企业设备总数20%的重点设备的零件及时得到修复和更换，及时恢复设备性能，避免一般设备在修理中与主要设备争人力、争物资和争时间，而且还因分级管理而提高了设备对生产的保证程度，并减少了过量修理，节省了修理费用，更有利于实现既不会降低生产保证程度，又大量减少设备修理的管理费用的目标。

在化工企业，对重大精尖设备采取“预知维修”，它是在监测技术基础上产生的针对性很强的维修方式，即在强化检查、监测的基础上，根据随时掌握的设备磨损情况来制订维修计划，当最适宜修理的磨损程度一达到，设备工况尚属正常，就进行设备的修理。例如，乙烯厂的乙烯压缩机，氯碱厂的电解槽、氯气压缩机，均采用的是预知维修方式。对一般设备采取“预防维修”，即按照一般的磨损规律来确定设备大、中、小修的间隔期，不管设备是否达到了最适宜修理的磨损程度。这样做虽然有可能出现过量修理，但由于一般设备的过量修理费用低，损失不大，却能提高设备的生产保证能力。例如，化工厂的换热器、泵等采取“预防维修”管理。对于次要设备，因其对产量和质量及安全等方面的影响较小，修理技术简单、修理费用低，可采取“事后修理”的方式，即待这些设备出现故障后，再进行修理。例如，化工厂的高位槽、小型贮槽等，均采用“事后修理”方式。

这里强调指出的是，为了尽力缩短修理停机时间，提高设备利用程度，需采用快速修理技术。快速修理技术，是采用先进的技术组织措施，以最快的速度完成设备修理工作。快速修理技术主要有热喷涂、金属扩散、化学清洗、带压堵漏、部件或整机更换和分步检修等。

在化工企业，根据设备修理内容及修理工作量大小，可将修理分为小修、中修、大修及系统停车大修理。

(1)小修。小修是指对少数易损件的修复、更换和调整，以及设备的清洗。小修一般由车间组织，由车间的维修人员负责修理，操作人员协助，在生产岗位上进行，其费用支出计入车间成本。

(2)中修。中修是指对设备的主要零部件进行局部修复和调整，并更换一些经鉴定不能继续使用至下次中修时的主要零部件。中修一般由企业设备管理部门组织，由维修部门的维修人员会同车间维修人员共同进行，其费用较大者，可逐次摊入成本。

(3)大修。大修是指对设备整体进行拆卸更换，修复已经磨损和腐蚀的多数零部件，以求基本恢复设备的原有性能。大修理的同时，有时还按计划进行改造，以求改变设备科技上趋于落后的状况。大修一般由设备管理部门组织专人按计划进行。

不论哪种修理类型，修理后都须进行试运转，并按规定，分别由使用单位、有关部门或操作人员验收。对重点设备要求设备主管部门派人员参加验收。

(4)系统停车大修理。是指化工企业的整个装置系统或几个装置系统全厂性的停车大检修。修理的面广，一般要将系统中的一些主要设备和不停车不能检修的设备，以及一些主要的公用设施(如管道、阀门等)都安排在系统停车大修理中进行。系统停车大修理是一项复杂的系统工程，企业一般成立大修指挥部，统一计划和统一指挥。

五、设备的防腐

设备的腐蚀是指因构成设备的材料与设备所处的环境中的某些化学的、电化学的或物理的介质直接接触，而发生反应所引起的设备的破坏性变质。

化工生产中，因设备经常处在高温高压，酸碱浓度较大及强腐蚀的环境中运转，所以设备腐蚀比其他行业更突出。设备腐蚀不仅使设备的使用寿命和运转周期缩短，造成设备减产和维修费增加，而且设备和管线的跑、冒、滴、漏还会轻则造成物料流失、污染环境，重则酿成中毒、爆炸、火灾全厂停产等重大事故，其直接与间接的损失，有时是难以用金钱来估量的。

由此可见，研究和推广防腐技术，做好化工企业的防腐工作不仅有经济上的意义，还有保护环境、防止污染的社会意义。

1. 环境对腐蚀的影响

设备是在一定的环境中与介质发生作用而引起腐蚀的,因此了解环境变化对设备的影响有助于对防腐蚀的进一步研究。环境中存在的各种介质对设备的腐蚀程度是不一样的,一般有如下规律。

(1)介质的浓度。腐蚀性不强的电解质溶液,随着介质浓度的增加,溶液的导电性增加,腐蚀性也有所增加。

(2)介质中含微量杂质。介质中含有如氯离子或有溶解氧时,会加速金属的腐蚀。

(3)介质的温度。一般来说,介质温度升高 10℃,腐蚀速度约增加 1.23 倍。设备材料在一定环境中有一个温度极限,超过这一极限,就会呈现腐蚀过大的环境,设备就不能使用。

(4)介质的 pH 值。氢离子是有效的阴极去极化剂,所以 pH 值越小,金属腐蚀越大,而两性金属如铅、铝等,在 pH 值较高的溶液中腐蚀严重。

(5)介质的含水量。空气中含水量越大,金属腐蚀越严重。氯气中含水量越大,对碳钢腐蚀越严重。而钛材在常温中非常耐腐蚀,在干氯中腐蚀剧烈。

(6)介质的流速。多数情况下,介质的流速越快,腐蚀越大。一般流速应保持在 0.7 ~2.6mm/s 之间较合理。高流速下的腐蚀一般是低速下的数倍。

(7)腐蚀产物和金属表面生成的膜腐。腐蚀产物直接影响金属本身的耐腐蚀性。这些产物一般有两类,一是不溶于水的可见膜,包括不透水和透水两种,透水的膜有很强的腐蚀性。另一类膜极薄,为不可见的钝化膜。它几乎能使腐蚀停止。

经过对设备环境的分析,也可以找到防止或减轻设备腐蚀的途径。

2. 防腐工作的内容与方法

(1)选择适宜的设备材质。在设计制造化工设备时,材料的选择非常重要,它关系到化工设备的使用效果和使用寿命。化工设备的选材既要满足化工生产的需要,又要满足工艺和防腐方面的要求。因此,设备的设计、制造和管理人员很有必要掌握材料的耐腐蚀性。目前,常用的防腐材料有两类:

一类是金属材料。现代化工设备实际使用的工程材料仍以金属为主。其中以不锈钢和碳钢最多,其次是铸铁、铝、铜、铅、镍、钛等。在碳钢的基础上加少量元素形成的低合金钢具有耐大气腐蚀、抗氧侵蚀的性能。耐腐蚀性较好的材料以铬镍基合金和镍基合金为主。需说明的是，不同的金属材料，在不同的介质中，其耐腐蚀性能是不同的，比如碳钢在稀硫酸中腐蚀很快，但在浓硫酸中却不易腐蚀；而铅在稀硫酸中耐腐蚀，却不耐浓硫酸。有关设计管理人员应根据设备的工作环境，选择最相宜的金属材料来制造设备。

另一类防腐材料是非金属材料。随着材料科学的发展，在化工设备的制造中，非金属材料得到了越来越广泛的应用。这是因为许多非金属材料具有多数金属材料所不能比拟的耐腐蚀性。例如用塑料制作贮槽、管道、阀门；用橡胶制作金属设备的防腐衬里；用玻璃钢制作设备或用于增强其他非金属材料制成的设备和管路；用化工陶瓷制作衬里和耐酸地坪或塔器贮罐、管道、泵、阀；用玻璃制造管件、反应器、热交换器；用石墨制造换热器和反应设备；还可以利用花岗岩制耐酸的容器等。非金属材料虽然耐腐性好，但机械性差、脆性大，不耐热。设计人员在选择材料时应全面衡量利弊，并设计适当的防护措施。

(2)合理地设计设备结构。在选材正确的同时，设备的结构设计应力求合理。从结构上避免出现机械应力、热应力以及液体在局部聚集和停滞。例如，在设计制造中不可让电位差别很大的金属直接相互接触，以防止形成电腐蚀。必须接触时，要用绝缘材料隔开。又如，要防止设备上形成死角或凹洼，以免液体物料积存或固体颗粒沉积，造成浓差腐蚀和沉积腐蚀。此外，要尽量采用焊接结构，不采用易形成缝隙腐蚀的铆接结构等。只有从设备形成时起就保持较强的防腐意识，才会有较好的防腐效果。

(3)处理腐蚀介质。在设备运行中进行防腐的方法很多，其中之一是改变介质的腐蚀性质，降低或消除介质对金属的腐蚀作用。这项措施只限于腐蚀介质的体积量基本稳定的条件下才可采用。对腐蚀介质的处理有两类：

一类是去掉介质中的有害成分，改变介质的性质。例如锅炉用水的除氧处理，锅炉给水中的溶解氧会对锅炉造成腐蚀，从锅炉给水中排除所溶解的氧，是防止锅炉腐蚀的有效办法。又如湿氯中含有的水分，会对透平机及碳钢设备造成极大的腐蚀，必须将湿氯中的水分除至100mg/kg以下。

另一类是向介质中加入能减缓腐蚀的缓蚀剂。例如化工生产中，冷却设备和锅炉除锈、除垢时，常用酸洗，在酸液中加入适量的页氮❶、若丁等，可以很快地除掉氧

---

❶ 页氮是由页岩油中分离出的一种含氮物。

化皮和垢层且对金属损害极微小。

(4)覆盖层保护。覆盖层保护是设备运行中的防腐方法之一，即在设备金属表面涂上一层或复合一层防腐物质，使金属表面与腐蚀介质隔开，以阻止金属表面的腐蚀。

化工生产设备上常用的覆盖层，如电镀、喷镀、渗镀、铅、不锈钢、钛等材料的衬里。非金属覆盖层，如玻璃钢、涂料、橡胶、塑料、瓷板、瓷砖等。

(5)对工作环境的控制。环境对设备的腐蚀有决定性影响。所以，在防腐工作中，有关人员应把环境控制列为防腐的工作之一。要尽可能按设备材料的要求去控制环境的温度、介质的浓度、介质的含水量、介质的杂含量、介质的流速等，并利用腐蚀产物形成的膜腐来减缓设备的腐蚀和危害。

通过以上一系列的防腐工作，可以有效地实现设备的防腐，减少设备腐蚀给化工生产带来的损失。

3. 防腐工作的管理

防腐工作是化工企业中的一项非常重要的工作，要求设备管理部门认真地做好这方面的管理工作。

首先，在设备管理部门配备具有"腐蚀与防护"专业知识的管理人员来负责全厂的防腐工作，包括防腐施工计划的制订、组织实施以及相应的技术管理，各个车间要设专职设备员负责落实具体的防腐工作。企业还可根据实际情况，成立专门负责防腐工作的生产单位来承担化工企业中大量的防腐保护工作，使防腐工作得到组织上的保障。

其次，建立必要的防腐管理制度，制订防腐施工工程的质量标准，制订各类常规防腐措施和防腐施工的操作规程，完善防腐工程的验收标准以及防腐设备的使用规程和责任制。从而使防腐工作规范化、制度化、责任化，从组织制度上保证防腐工作的落实。

第三，设备管理的各级有关部门和各层有关人员要注意积累和收集防腐资料和数据，建立防腐工作档案，为进一步开展防腐工作的研究，提高防腐工作的水平，也为防腐工作的管理打好基础，提供科学、客观的依据。

最后，要把防腐工作与设备及管道的监测工作结合起来，通过监测值(如容器和管道的壁厚)及时做出防腐计划，并认真实施。

第五节 设备修理成本与修理费用的控制

一、大修理费用的预算与控制

1. 设备大修理费用预算的编制

设备大修理费用预算是在成本预算的基础上编制的。企业年度预算大修理费用指标,等于设备大修理成本定额乘以年度计划设备修理复杂系数。

具体设备大修理费用预算,主要是依据企业通过大量统计资料和费用构成制订的单位修理复杂系数消耗定额编制的。对于材料费、备件费、辅助材料费和工时费等直接费用,可用消耗定额乘以修理复杂系数直接得到;一些间接费用可按工作量分摊。有些企业维修资料比较齐全,定额水平比较稳定,管理经验比较丰富,也编制了设备大修理间接费用定额。这为做好大修理费用预算提供了方便条件。

2. 大修理费用的控制

设备大修理费用预算的编制,为设备大修理费用的控制提供了标准。费用控制的基础工作是定期修订各种定额标准,没有标准就无法控制。

把静态控制改变为动态控制是最经济有效的费用控制。所谓动态控制,就是在费用形成过程中进行控制,不断地预报费用状态和下一个阶段可能出现的费用情况,以便采取有效措施,防止费用失控。

为了实现对设备大修理费用的有效控制,必须调动各级组织和全体职工的积极性,把修理费用与承修者的经济利益挂钩,经常把费用发生实际情况与控制目标进行对比,发现偏差及时纠正。

此外,还要进行设备大修理成本的核算、检查和经济分析。

二、降低维修费用的主要途径

降低维修费用主要有以下几个途径:

(1)提高劳动生产率,及时修订工时定额。

(2)节约材料物资源消耗,及时修订费用定额。

(3)加强设备的前期管理。不可单纯追求节省设置费而忽视日后长期出现的维修费用。

(4)提高修理和技术改造质量,减少使用过程中维护保养费用。

(5)降低维护保养费用。精心操作,加强日常维护保养,避免非正常磨损和意外事故,延长使用寿命和大修理周期。

(6)提高设备维修的经营管理水平。节约非生产费用开支,降低固定成本;提高设备的利用率和负荷率,降低单位产品成本,对节省维修费用都具有很大影响。

第六节 设备更新、改造和租赁的控制

一、设备更新

设备更新,是指以新的、效率更高的先进设备去替代那些物质上不能继续使用、经济上不宜继续使用、技术上落后的旧设备。

研究设备更新问题是为了技术进步,提高经济效益。为了使设备更新经济合理,既要考虑设备的自然寿命,也要考虑设备的技术寿命和经济寿命,从而确定设备的合理使用年限。

确定设备最佳更新周期的方法很多,下面介绍两种常用的方法:

1. 低劣化数值法

设以 K_0 表示设备的原始价值,T 代表已使用的年限,残值为 O,则每年平均分摊的设备费用(年平均折旧费用)为$\frac{K_0}{T}$,随着 T 的增长,按年平均的设备费用不断减少,但设备的维护修理费用及燃料、动力消耗增加,年平均使用费用增加,这就是设备的低劣化。若这种低劣化每年以 G 的数值增加,则 T 年的低劣化值为 GT,T 年中平均低劣化数值为$\frac{GT}{2}$。由此可得平均每年的设备费用总和(年平均使用费用+年平均折旧费用)为:

$$y=\frac{GT}{2}+\frac{K_0}{T}$$

若使设备费用最小,则取:

$$\frac{dy}{dt}=0$$

则得：

$$T_0=\sqrt{\frac{2K_0}{G}}$$

式中：T_0——设备的经济寿命，以经济寿命来确定最佳更新期。

2. 面值法

面值法是以同类型设备的统计资料为依据，在不考虑利息因素、大修及经济效益的情况下，通过分析计算设备年度使用费用，以确定设备经济寿命的一种方法。

计算公式如下：

$$P_n=\frac{M-Ln+\sum_{t=1}^{n}y_i}{n}$$

式中：P_n——第 n 年的年度使用费；

M——设备原值；

Ln——第 n 年的实际残值；

y_i——第 t 年的维持费（$t=1,2,\cdots,n$）；

n——设备使用年限；

取 P_n 值最小的年限，即该设备的经济寿命。

二、设备的技术改造

设备技术改造是利用先进的科学技术成就来提高原有设备的性能、效率，进行现代化改造的过程，是设备质的提高。它是一种广义的设备更新方式。

设备技术改造主要包括两个方面：一是设备局部的技术更新；二是增加新的技术结构。局部技术更新是指采用先进技术，改变现有设备的局部结构，而增加新的技术结构是指在原有设备的基础上增加新的部件、新的装置等。

设备技术改造有如下优点：能尽快地把科学技术的最新成就变为直接生产力，促进技术进步；能根据企业的具体情况进行，可及时满足生产和工艺的要求，促进生产力的发展；投资少，见效快等。

因此,在资金比较缺乏,经济实力比较薄弱的情况下,设备改造是实现企业生产技术现代化的重要途径。

此外,还要对技术改造方案进行经济评估和组织管理。

三、设备租赁制

设备租赁制就是需要设备的使用单位向设备所有单位(租赁公司)租进设备,并付给一定的租金。租赁双方通过合同明确规定设备的名称、数量、用途、租赁期限、租赁期间维修保养的责任、违约责任、合同期满后设备的处置等问题。我国设备租赁基本形式有两种:一种是经营租赁,就是租赁双方事先约定,在合同规定期间,承租方分期支付租金,期满后由出租方收回设备。这是不改变设备的所有权的一种商品交换形式。另一种是融资租赁,就是租赁双方事先约定,所租设备在承租方付清最后一笔租金(有时还加付一笔名义上的购买价款)后,其所有权就归承租方所有。这样,在每期所付的租金中,既包括买价的分期付款,又包括一定的利息支出(有时还包括出租方收取的手续费)。这是改变设备所有权一种商品交换形式。

实行设备租赁制对设备使用企业有许多好处,主要是:

(1)投入资金少。

(2)促进技术进步。

(3)引进速度快。

(4)当企业生产经营遇到风险时,易于退出和转行。

(5)可节税等。

由于租赁制具有上述优越性,实践证明,只要对引进先进技术设备消化、使用得好,一般都能取得较显著的经济效益。

第六章 安全管理

第一节 概 述

一、安全管理的重要性

化学工业与其他工业相比存在很多不安全因素和职业性危害，其生产过程中具有易燃、易爆、易中毒和腐蚀性强等特点。因此，化学工业的安全管理尤其重要。

安全管理是指采用各种组织措施和技术来保障职工的身体安全和健康，保障国家或人民财产不受损失。安全管理具有十分重要的意义，主要表现在以下几个方面：

1. 安全管理的水平是人类社会物质文明与精神文明发展水平的标志

安全问题是随着生产的出现而产生的，是随着生产和技术的发展而发展的。安全生产管理是在生产发展到一定水平才逐渐形成的一项专业管理。

国内外生产发展史都证明了这样一个事实，即随着生产的发展，安全生产管理的水平越来越高，生产条件越来越好，特别是计算机在生产实践中的应用，使许多危险的工作能让机器去做，使人远离了生产现场，减少了事故对人的危害。但是，计算机仍然要依靠人来控制，一旦出现差错，其后果不堪设想。由此可知，生产技术水平的提高并不能完全杜绝事故的发生，一旦发生事故，其后果往往会更加严重。例如，进入 20 世纪以来，全球工业发展加快，特别是石油化工和核能的利用兴起以后，重大工业事故给企业乃至社会带来了极其严重的危害。1961 年 9 月 14 日，日本富士的一家化工厂因管道破裂，氯气外溢，造成 532 人中毒，7000 多人受到不同程度的伤害，大片农田被毁坏。可见，生产技术的发展，更加要求提高安全管理水平。安全管理不仅是生产发展的客观要求，也是社会文明发展的标志。

2. 安全管理是保证企业经济效益的关键

高度发达的现代工业企业一旦发生事故，往往会给企业乃至社会造成极大损失。如果发生事故，企业除了蒙受直接的经济损失外，还要承担因不能按时、按质、按量完成与用户签订的经济合同所发生的经济损失，甚至要接受罚款。此外，如果事故造成环境污染，赔偿费用也将产生。特别是发生重大事故可能导致企业倒闭。

重大事故的发生不仅会使企业遭受经济损失，而且也会给国家财产造成巨大的损失。

3. 安全管理是保护人身安全的需要

职工的安全与健康是涉及家庭幸福、企业兴旺、社会安定、国家繁荣的大事。只有抓好安全管理，职工的安全和健康才有保障。

二、安全管理的基本原则

1. 生产必须安全

生产的目的是创造社会财富，提高人们的生活水平。如果生产不安全，则会造成财产的损失，会让人付出健康甚至生命的代价，这就从根本上违背了生产的目的，因此必须树立“安全第一”、“安全为天”的思想。当生产与安全发生矛盾时，只能是生产让路。在一切生产活动中，应把安全作为首要的前提条件，落实各项安全措施，保证职工的生命安全和身体健康，保证生产的正常进行。

2. 安全生产，人人有责

现代化大生产工艺复杂，操作要求严格，安全生产更是一个综合性的工作。领导者的指挥、决策稍有失误，操作人员在工作中稍有疏忽，检修和检验人员稍有不慎，都可能酿成重大事故。所以，必须强调“安全生产，人人有责”这一原则。在充分发挥专职安全技术人员和安全管理人员的骨干作用的同时，应充分调动和发挥全体职工的安全生产积极性。通过大力宣传和建立健全各级安全生产责任制、岗位安全技术操作规程等安全生产制度，把安全与生产有机的统一起来，提高全员安全生产意识，实现“全员、全过程、全方位、全天候”的安全管理和监督，从而实现安全生产。

3. 安全生产，重在预防

安全生产应该“重在预防”，变被动为主动，变事后处理为事前预防，把事故消灭在萌芽状态。

“安全生产，重在预防”首先体现在项目立项时要进行安全和环境评价，认真贯彻“三同时”原则，即在新建、改建、扩建企业或车间，以及计划实施革新、挖潜、改革项目时，安全技术措施和“三废”治理措施应与主体工程同时设计、同时施工、同时投产，决不能让不符合安全、卫生要求的设备、装置、工艺投入运行。

“安全生产，重在预防”还体现在积极开展安全生产的科学研究工作，组织力量解决运行中的生产装置、生产工艺存在的问题，及时消除隐患；在试验研究新材料、新设备、新技术、新工艺时，相应的研究和解决有关安全、卫生方面的问题，并研制各种新型、可靠的安全防护装置，提高生产装置的安全可靠性。

此外，“安全生产，重在预防”还体现在狠抓安全生产的基础工作，不断提高职工识别、判断、预防和处理事故的本领。例如，开展各种形式的安全教育，及时发现和消除不安全因素；完善各种检测手段，坚持检测工作，掌握设备和环境变化的情况，做到心中有数；分析以往发生的各类事故，从中摸索本地区、本行业、本企业发生事故的原因及其规律，主动采取预防事故重复发生的措施等。

三、安全管理的内容

1. 安全机制

安全机制包括管理体制及基础工作。管理体制包括纵向的专业管理和横向的群众监督以及企业安全生产责任制。基础工作包括安全规章制度建设、标准化制订、生产前的安全评价和管理（如设计安全等）、员工的系统培训教育、安全技术措施计划的制订和实施，安全检查方案的制订和实施、管理方式方法和手段的改进研究，以及有关安全情报资料的收集分析，研究课题的提出等。

2. 动态安全管理

动态安全管理指生产活动过程中的日常安全管理，包括生产过程、检修过程、施工过程以及设备等的安全保证问题。生产过程安全主要包括工艺安全和操作安全，是生产企业安全管理的重点。检修过程安全包括全厂停车大修、车间停车大修、单机检修以及意外情况下的抢修等，其事故发生率往往更高，因此必须列为安全管理的重要内容。施工过程安全包括企业扩建、改造等工程施工，往往是在不停止生产的情况下进行的，各种工种交叉作业，同样存在安全问题，因此也必须列为安全管理的重要内容。设备安全包括设备本身的安全可靠性和正确合理的使用，直接关系生产过程的正常运行，保证设备安全运行也是安全管理的重要内容。

3. 信息、预测和监督

事故管理实质上起着信息的收集、整理、分析、反馈作用。安全分析和预测，可以通过分析发现和掌握安全生产的个别规律及倾向，做出预测、预报，有利于预防消除隐患。安全监督主要是监督检查安全规章制度的执行情况，检查发现安全生产责任制执行中的问题，为加强管理提供动态情况。

4. 法制化、标准化、规范化、系统化

工业化发展的历史经验告诉我们，要完成安全管理的主要任务，必须处理好安全管理法制化、标准化、规范化、系统化的问题。

(1)法制化。安全管理实现法制化是根据国家法律规定和化工生产根本利益的需要，保护和保障劳动力和生产设备、原料安全的最有效手段。将保障生产安全写入国家和政府的有关法律、法令，通过强制性手段提高人们对于安全生产的科学性认识，通过安全生产法律法规的制定，为安全生产提供了重要的法律保障，从而要求企业的领导者和全体员工必须增强法律观念，明确在企业生产活动中个人的行为后果同法律责任的直接关系。企业在实现安全管理法制化的过程中，要有法可依、有法必依、执法必严、违法必究。

(2)标准化。标准化是一项重要的综合性基础工作，对保证安全生产、提高经济效益十分重要。安全标准是指与人身、设备、操作、生产环境和生产活动安全有关的标准、规程、规范。企业标准化工作，是实现企业科学管理的基础。

(3)规范化。企业安全管理，除属于标准化内容范围应按标准化要求进行外，其他一切行为活动均应依照规章制度进行。企业应根据国家及行业颁布的条例、规定，结合本企业的实际情况，制订相应的规章制度，作为企业内部的行动规范，使全体员工共同遵守。

(4)系统化。化工安全管理是企业管理大系统中的一个子系统。系统化安全管理是现代化工的要求，也是现代化管理的基本特点。实现安全的系统化管理对于实

现“全员、全过程、全方位、全天候”的安全管理和监督，从而实现安全生产具有重要的意义。

第二节 安全管理的主要措施

一、建立安全管理体系

为了搞好安全管理，首先要建立安全管理体系。安全管理体系的构成应从三个方面讲：一是按行政层次，可以分为三个层次，即决策层、管理执行层和操作执行层；二是按非行业角度划分，有安全生产委员会、工会组织等与安全生产紧密相连的组织；三是按职工参与管理的角度，安全生产的重大决策都必须通过职工代表大会讨论，充分发挥企业职工的主人翁责任感，让企业职工行使参加决策和管理的权力。

二、建立企业的安全规章制度

安全工作有赖于运用各类安全标准（即规范、规程和制度）进行管理。国家颁发的标准、规范和规程是安全管理工作的依据，具有法律性质，每个企业必须贯彻和严格遵守。

企业的安全规章制度既是企业自身安全生产的法规，也是安全管理的依据，因此企业的安全规章制度要能够反映企业的安全生产实际，即要有科学性、可控性和可操作性。企业规章制度的主要内容有：

（1）根据“管生产必须管安全”的原则，企业要制订安全生产责任制，以制度的形式明确规定各级领导和各类人员的安全责任，把安全工作纳入日常生产管理的议事日程，以避免安全工作无人负责的现象。

（2）企业根据自身的生产特点，要制订相应的安全生产制度、安全操作规程、工艺规程和设备维护、检修规程、巡回检查制度和交接班制度等，统一由厂部审查、批准和颁发，使每项工作做到有章可循。

（3）企业的安全规章制度对企业的安全生产和职工的行为起着规范的作用，因此一定要认真贯彻执行各种规范、规程、制度，并要加大监督的力度。对违反者要制止，对违章而造成事故者要严肃处理。模范执行安全规章制度的职工要予以表彰。

在贯彻规章制度过程中，要组织有关人员（包括领导）学习，同时将规章制度印发给有关领导、管理人员、技术人员和职工，做到人人皆知。

三、贯彻执行安全生产责任制

根据国家颁布的有关安全规定，结合本单位的生产特点，建立安全网络和安全生产责任制，并自觉、严格地执行各项安全规定，做到安全工作有制度、有措施、有布置、有检查，各有职守、责任分明。

（1）认真履行安全职责，严格遵守各项安全生产规章制度，不违章作业，并积极参加各项安全生产活动，主动提出改进安全工作的意见和建议。

（2）坚守岗位，精心操作，服从调度，听从指挥。严格执行工艺指标、防止超时、超液位、超温、超压、超负荷运行。各项工艺指标不得擅自更改，更不能私自在生产系统上进行试探性的操作。

（3）必须严格执行岗位责任制、巡回检查制和交接班制。生产中发现隐患或发生事故，应正确分析、判断，果断地及时处理。

（4）加强设备维修保养，经常保持生产作业场所的清洁卫生，搞好文明生产。

（5）开、停车时，应严格执行操作上岗证制度，认真进行全面检查，做到确认符合安全条件，才能开车。严防盲目操作或违章蛮干。

（6）正确使用妥善保管各种劳动保护用品和器具。

四、抓好安全教育

安全教育的主要任务是宣传加强安全管理的重要意义，培养职工的主人翁意识，人人关心安全管理；宣传各项安全管理制度，使人人熟悉其内容，工作中自觉遵守；宣传先进事迹和各种事故案例，克服各种麻痹思想，吸取经验教训；宣传安全技术，使有关人员能掌握它、应用它，及时排除事故隐患。

安全教育工作要坚持经常进行，要抓住关键时间重点进行。例如，新工人进厂、新工艺投产、工人调换新车间、新工种以及重大节假日前后，要集中地、有针对性地进行安全宣传教育。还可以结合企业的劳动竞赛、评选先进、运动游艺等活动，进行安全宣传教育，把安全宣传教育渗透到企业的每一个角落、每一个职工。

宣传教育的方式有集中上课、小组培训、个别谈话、先进经验介绍、事故当事人现身说法、国内外典型事故案例分析、对职工家属进行教育、办壁报、安全宣传栏、印发安全知识读物、开通安全广播等。

这里特别强调的是安全培训教育，它是化工安全生产管理的一项重要内容，是搞好企业安全生产的一个重要环节。安全培训教育的目的，不仅在使职工能较全面地接受各级政府所颁布的一系列有关安全和劳动保护的政策、法律法规，提高贯彻执行这些政策、法律的自觉性和责任感，增强法律观念，而且使职工掌握安全技术和工业性技术，提高安全技术的素质，防止各类事故的发生。

化工企业的安全培训教育要坚持“三级”教育制度。所谓“三级”，即指厂、车间、工段或班组三个层次。厂级教育，主要指对新入厂的工人，来厂实习和培训人员、外援人员、新调入人员等，在没有分配工作之前，由安全管理部门的专职人员进行的初步安全教育。车间教育，主要是指新工人在接受上述教育之后，并分配到工作岗位，由车间安全员所进行的教育。工段、班组教育，主要是指新工人或新调入人员经车间教育后，分配到固定工作岗位工作之前，由班组安全员、工段长、班组长进行的最后一级教育。

新职工和变换工种的职工进入岗位独立操作前，必须通过安全技术考核。凡未参加安全技术考核以及考核不及格者不准到岗位工作。

五、开展安全检查活动

工厂的安全检查，是指对生产作业现场的不安全因素或事故隐患的检查。其目的是查出事故隐患和不安全因素，然后组织整改，消除隐患，做到防患于未然。

1. 安全检查的对象和范围

安全检查的对象主要是人、物、环境、管理四个因素，也可以从“五查”的范围进行，即查思想、查领导、查制度、查纪律、查隐患。

2. 安全检查的形式和内容

安全检查主要采取季节性检查、节日前检查、专业性安全检查和普遍性检查四种形式。

(1)季节性检查。针对不同季节的天气情况和气候特点以及这些情况、特点对安全生产的影响，各季节的检查内容有很大不同。

①春季安全检查：以防雷、防静电、防解冻跑漏、防建筑物倒塌为重点。

②夏季安全检查：以防暑降温、防台风、防汛为重点。

③秋季安全检查：以防火、安全防护设施和防冻保温为重点。

④冬季安全检查：以防火防爆、防煤气中毒、防冻防凝、防滑为重点。

季节性安全检查以安全部门为主，组织有关科室和车间安全员进行，也可以和全厂的岗位责任制大检查结合起来进行。

(2)节日前检查。为防止职工在节日时麻痹大意，每逢有春节、劳动节、国庆节等节日，企业要在节日前组织一次安全、保卫检查。

对节日安排、安全保卫、消防措施以及生产准备等工作进行检查落实，一般由安全、生产、机动、保卫、消防等部门联合组织检查。

(3)专业性安全检查。专业性安全检查的形式一般分为专业安全检查和专题安全调查两种，是对一项危险性大的安全专业和某一安全生产薄弱环节进行专门检查或专题单项调查。调查比检查工作进行的要深入，内容要细，时间要长，并要有分析报告。其目的都是为了及时查清隐患和问题现状、原因及危险性，提出预防和整改建议，督促消除和解决，保证安全生产的正常进行。

专业性安全检查或专题安全调查是不定期进行的。它的提出是根据上级和单位领导的要求、安全工作安排和生产中暴露出来的问题，本着预测、预防的精神而确定的。检查或调查的内容有：蒸汽锅炉的运行情况，压力容器使用状况，电气设备、起重设备、机械设备、运输车辆的安全状况，危险物品的保管贮存，消防设施，防尘、防毒措施等；还可以对一部分设备、管线或者部分职工素质、某项安全制度的执行情况以及一个时期安全生产中带倾向性的问题进行调查分析，找出主要问题，提出对策建议，写出总结报告。

专业性安全检查以安全人员为主，吸收与调查内容有关的技术、管理人员参加。

(4)普遍性检查。普遍性检查是厂级统一组织的全面性的安全检查，或者是综合性的岗位责任制大检查。

普遍性检查的范围是全方位的，检查的内容是综合性的，参加的人员是全员性的，检查的形式是按自下而上的层次，分阶段进行，发动群众自查自改，领导亲自组织，分片分组带领机关干部深入现场边查边改，最后总结评比，落实整改。这种检查的特点是：声势大，发动广，检查全，内容多，领导重视，解决问题快。检查时要坚持领导与群众相结合、普遍检查与专业检查相结合、检查与整改相结合的原则。普遍性检查一般每季度一次。

3. 安全检查的方法

应该先把所要检查的具体项目及检查标准定好，印成安全检查表，然后发给检查者，由检查者按项目内容和标准进行检查核对，核查是否有偏差，最后做出结论或评价，签字。每个专业、每项检查都应分别制订相应的安全检查表，否则会使检查者心中无数或漏检。

4. 安全检查的组织方式

（1）全厂性检查每季度进行一次，由工厂领导组织，相关部室和专业人员参加。

（2）车间检查每月进行一次，由车间主任组织，车间专业人员参加。

（3）班组检查每周进行一次，由班长组织，班组安全员和岗位组长参加。

（4）岗位检查每天班前进行，班中至少还要检查一次，由操作人员进行。

5. 整改

安全检查时发现了隐患，就要组织整改，及时消除。检查是手段，整改是目的，对厂级和车间安全检查时查出的隐患，要逐项进行分析研究，落实整改措施、整改负责人和整改完成的限定日期。企业对重大隐患项目的整改，应实行《隐患整改通知书》的办法。《隐患整改通知书》应由安全部门填写，经主管安全的厂长（经理）签署后发出，并存入档案备查。同时应当加强隐患管理的立法、监察，完善制度和资金投入的工作。

六、加强重点设备的管理

由于受到磨损和腐蚀，设备会发生损坏，稍不注意就会导致事故发生。化工生产中，大型机泵和压力容器、装有危险化学品的常压容器等设备均需重点管理。要注意设备的保养和维修，杜绝“跑、冒、滴、漏”现象。对于使用一定期限的设备，必须按期进行检修，检修时必须严格执行各项检修安全技术规程，办理检修任务书、许可证等手续。做到器具齐全、安全可靠，文明检修。车间、班组安全员在生产、检修过程中，应认真检查各项安全制度的执行情况，杜绝一切事故的发生。

七、加强防火防爆管理

在化工生产中，必须采取有效措施严格管理所有易燃、易爆物品及易引起爆炸的过程和设备，并积极采取先进的防火、灭火技术，大力开展安全防火教育和灭火训练，加强防火检查和灭火器材管理，防止发生火灾、爆炸等事故。

易燃易爆物品主要有爆炸品（如 TNT）、易燃液体（如乙醇）、易燃固体（如硫黄）、自燃物品（如黄磷）、遇湿易燃品（如锂、钠、电石等）、氧化剂（如有机硝酸盐、过氧化氢、尿素）、有机过氧化物（如过氧化叔丁醇等）。此外，易燃易爆物品还包括毒害品、腐蚀品中部分易燃、易爆的化学品。

易引起燃烧或爆炸危险的过程主要指下列工艺过程：

（1）有本质上不稳定物质存在的工艺过程。这些不稳定物质可能是原料、中间产物、成品、副产品、添加物或杂质。

（2）放热的化学反应过程。

（3）含有易燃物料且在高温、高压下运行的工艺过程。

（4）含有易燃物料且在冷冻状况下运行的工艺过程。

（5）在爆炸极限内或接近爆炸极限反应的工艺过程。

（6）有可能形成尘雾爆炸性混合物的工艺过程。

（7）储有压力能量较大的工艺过程。

危险设备是指在恶劣环境下的运行设备。所谓恶劣环境是指高温、高压、低温、高真空度、高载荷、强腐蚀、有毒、易燃易爆等。化工设备按运行特点常分为：静设备和动设备。静设备主要指容器设备及管道系统。容器设备大都是压力容器、如反应器、反应釜、聚合釜、蒸发器、分离器、干燥塔等。动设备是指有机件连续做有规律运动的设备，一般包括介质的输送（如泵、风机等）、流体的加（或减）压（如压缩机、真空泵等）、介质的机械分离及混合（如离心机、过滤机、混合机等）、固体的粉碎及造粒（如各式粉碎机、造粒机）等几大类机械设备。

八、加强防毒防尘管理

要做好防毒防尘管理，企业要配置相应的劳动保护和安全卫生设施，全面规划，因地制宜，采取综合措施，消除尘毒危害，不断改善劳动条件，保护职工的安全健康，实现安全、文明生产。

防毒防尘管理主要包括以下三个方面：

（1）限制有毒有害物质的生产和使用。

（2）防止粉尘、毒害物的泄漏和扩散，保持作业场所符合国家规定的卫生标准。

(3)采取有效的卫生和防护措施,定期对生产场所的粉尘和毒害物浓度进行监测,作业人员要定期进行身体检查。

九、加强危险化学品的管理

虽然各种危险化学品特性不尽相同,但对它们的管理都必须"严"字当头。危险化学品包括以下八个类别:

(1)爆炸品。

(2)压缩气体和液化气体。

(3)易燃液体。

(4)易燃固体、自燃物品和遇湿易燃物品。

(5)氧化剂和有机过氧化物。

(6)有毒品。

(7)放射性物品。

(8)腐蚀品。

关于危险化学品,国家制定了完善的安全规程,如《爆炸物品管理规则》、《化学危险物品贮存管理暂行办法》、《化学易燃物品防火管理规则》、《危险货物运输规则》等规定。企业各级人员必须无条件地、不折不扣地执行这些规定。

危险品生产或使用中的废气、废水、废渣的排放,必须符合国家《工业企业设计卫生标准》(GB21—2002)和《三废排放标准》的规定。

十、配备安全装置和加强防护器具的管理

1. 配备安全装置

针对化工生产有高温、高压、易燃、低温、深冷、强腐蚀、有毒有害、噪声大、生产连续和生产方法多样等特点,为了保证安全生产,必须配备安全装置和加强防护器具的管理。

化工生产中的安全装置有:温度、压力、液面、流量超限的报警装置,安全连锁装置,事故停车装置,高压设备的防爆泄压装置,低压真空的密闭装置,物料防倒吸、倒流装置,防止火焰传播的隔绝装置,事故照明安全疏散装置,静电和避雷防雷装置,电气设备的过载保护装置以及机械运转部分的防护装置等。对于上述安全装置必须加强维护,保证灵敏好用。

2. 防护器具的管理

保护人体的安全器具，如安全帽、安全带、安全网、防护面罩、过滤式防毒面具、氧气呼吸器、防护眼镜、耳塞、防毒防尘口罩、特殊手套、防护工作服、防护手套、绝缘手套和绝缘胶靴等，都必须妥善保管并正确使用。

十一、加强事故管理

事故管理是企业安全管理中不容忽视的一个方面。加强事故管理，分析事故原因，摸索事故规律，抓住事故重点，吸取事故教训，采取有的放矢的措施，消除存在的各种隐患，防止事故的发生，是企业安全管理的重要环节。加强事故管理的最终目的是变事后处理为事前预防，杜绝事故的发生。

所谓事故，是指突然发生了与人们意愿相违背的、造成了人员伤害、中断生产或财产损失的事件。事故管理包括事故分类、事故分级、事故统计、事故损失计算、事故报告程序、事故调查、事故分析、事故调查原因认定、事故责任追究、建立事故档案及事故预测。

1. 事故分类

在工业生产中，事故可以分为生产事故、质量事故、设备事故、交通运输事故、火灾爆炸事故和伤亡事故等。

(1)生产事故。在生产操作过程中，因违反工艺规程、岗位操作法或由于误操作等原因造成原料、半成品或成品的损失，称为生产事故或操作责任事故。

(2)质量事故。生产出的成品或半成品不符合国家或企业规定的质量标准，基建工程质量不符合设计要求，机电设备检修不符合要求，原料或产品因保管、包装不良而变质等，均称为质量事故。

(3)设备事故。在生产中由于生产装置、动力机械、电气及仪表装置、运送设备管道、建筑物、构筑物等发生故障、损坏、造成损失或减产，称为设备事故。

(4)交通运输事故。违反交通运输规则，造成车辆损坏、人员伤亡或财产损失等，称为交通运输事故。

(5)火灾爆炸事故。发生着火造成生命财产损失，称为火灾事故。发生化学或物理性爆炸，造成生命财产损失，称为爆炸事故。

(6)伤亡事故。企业在册职工在生产活动场所涉及的区域内，由于生产过程中存在的危险因素的影响，突然使人体组织受到损伤或使某些器官失去正常机能，以致负伤人员立即中断工作，经医生诊断需休息一个工作日以上者，称为伤亡事故或因工伤亡事故。

2. 事故分级

根据经济损失大小、停产时间长短、人身伤害程度，可将事故分为微小事故、一般事故和重大事故二种。工伤事故分为轻伤、重伤、死亡和多人事故四种。

3. 事故统计

事故统计是对各类事故涉及的因素及数据进行归类、整理。认真做好各类事故的调查和统计工作，对安全生产有很重要的意义。通过事故统计，可以掌握企业的安全生产情况。人员伤亡和经济损失统计数据在一定程度上反映了企业安全管理的成绩和问题。事故的统计，应做到时间及时、数据准确、内容齐全。事故统计的内容包括事故频率，如千人死亡率、严重率、危险率、损失率、补偿率等。

4. 事故损失计算

事故损失计算是先进行各项损失计算，然后汇总计算出事故总损失。事故损失可以从不同角度分类，常见的有以下四种分类。

(1)按损失的经济特征分类。分为经济损失(或价值损失)和非经济损失(非价值损失)。前者指可直接用货币测算的损失，后者指不可直接用货币测算，只能通过间接的转换技术对其进行测算的损失。

(2)按损失与事故的关系和经济的特性进行综合分类。分为直接经济损失、间接经济损失、直接非经济损失、间接非经济损失四种。这种分类方法把事故损失的统计口径做了严格的限定，有助于准确地对事故损失进行测算。

(3)按损失的承担者分类。分为个人损失、企业(集体)损失和国家损失。

(4)按损失的时间分类。分为当时损失、事后损失和未来损失。当时损失是指事件发生当时造成的损失；事后损失是指事件发生后随即伴随的损失，如事故处理、赔偿、停工和停产等的损失；未来损失是指事件发生后相隔一段时间才会显现出来的损失，如污染造成的损失、恢复生产和原有的技术功能所需的设备(设施)改造及人员培训费用等。

5. 事故报告程序

根据《中华人民共和国安全生产法》第七十条、第七十一条的规定，生产经营单位发生生产安全事故后，事故现场有关人员应当立即报告单位负责人。单位负责人接到事故报告后，应当迅速采取有效措施，组织抢救，防止事故扩大，减少人员伤亡和财产损失，并按照国家规定立即如实报告当地负有安全生产监督管理职责的部门，不得隐瞒不报、谎报或者拖延不报，不得故意破坏事故现场、毁灭有关证据。负有安全生产监督管理职责的部门接到事故报告后，应当立即按照国家有关规定上报事故情况。负有安全生产监督管理职责的部门和有关地方人民政府对事故不得隐瞒不报、谎报或者拖延不报。

发生事故的基层组织，应按规定填写事故报告，报送企业的主管部门。报告时间，一般事故不超过 3 天，重大事故不超过 7 天。

对重大事故，企业应写出调查报告书，并于事故后 20 天内报送上级机关。

伤亡事故报告，按国家有关规定、规程执行。凡外单位、机关、学校在企业内劳动、培训时发生的伤亡事故，应由企业进行统计上报，但要说明伤亡姓名、单位和来厂缘由。

凡因工负伤人员，当时不能确认为重伤，从受伤日起 1 个月内仍不能确认为重伤者，按轻伤事故统计。若一个月后由轻伤转为重伤，或重伤致死，则不再按重伤或死亡上报，也不再作专题调查报告。

安全技术部门负责全厂各类事故的综合统计，各职能部门应将有关事故报告抄送安全技术部门，以便汇总存档。

6. 事故调查、分析与事故原因的认定

事故调查应分级进行。

轻伤、重伤事故，由企业负责人或其指定的人员组织生产、技术、安全等有关人员以及工会成员组成的事故调查组进行调查。

死亡事故由企业主管部门会同企业所在地区的市（或者相当于社区的市一级）安全生产监督管理部门、公安部门、工会组成事故调查组，并邀请人民检察院派员参加，还可以邀请有关专家调查。

重大伤亡事故，按照企业的隶属关系由省、自治区、直辖市企业主管部门或者国务院有关部门会同同级安全生产监督管理部门、公安部门、监察部门、工会组成事故

调查组，并邀请人民检察院派员参加，还可以邀请有关专家参加调查。

特大安全事故的调查，按照发生事故企业的隶属关系由省、自治区、直辖市人民政府或者国务院归口管理部门组织，成立特大事故调查组，负责事故的调查工作。国务院认为应当由国务院调查的特大事故，由国务院或国务院授权的部门成立特大事故调查组。特大事故调查组根据事故的具体情况，由发生事故的企业归口管理部门、公安部门、监察部门、计划综合部门、安全生产监督管理部门等单位派员组成，并邀请人民检察院和工会派员参加。特大事故调查组根据调查工作的需要，可要求选聘其他部门或者单位的人员参加，也可以聘请有关专家进行技术鉴定。

任何单位和个人不得阻碍和干涉对事故的依法调查处理。

在事故调查中要重点做好以下工作：

(1)现场处理。事故发生后，要积极组织抢救受伤害者，采取措施防止事故蔓延扩大；要认真保护现场，不得破坏与发生事故有关的物体、痕迹和标志。为抢救受伤人员和防止事故扩大，需要移动现场对象时，必须做出标志、拍照和详细记录。事故现场的清理，如无特殊情况，必须经当地安监部门、检察院同意。

(2)搜集物证。事故现场物证是指破损部件、碎片、残留物、致害物及其位置。在现场搜集到的所有对象，均应贴上标签，注明地点、时间、管理者。所有对象应保持原样，不准冲洗擦拭。

(3)搜集事故事实材料。事故事实材料包括如下内容：

①与事故鉴别、记录有关的材料。包括发生事故的单位、地点、时间；受害者和肇事者的姓名、性别、年龄、文化程度、职业、技术等级、工龄、本工种工龄；受害者和肇事者的技术状况，受害者和肇事者过去的事故记录。

②事故发生的有关事实。包括事故发生前设备、设施等的性能和质量状况；使用的材料，必要时应进行物理性能或化学性能实验与分析；有关设计和工艺方面的技术文件、工作指令和规章制度方面的资料及执行情况；原始操作记录；关于工作环境方面的状况，包括照明、湿度、温度、通风、声响、色彩度、道路、工作面状况以及工作环境中的有毒有害物质取样分析记录；个人防护措施状况，包括防护用品的有效性、质量、使用范围；事故前受害者和肇事者的健康状况。

③搜集证人材料。要尽快搜集证人的材料。对证人的口述材料，应认真考证其真实程度。

④现场拍照。利用摄影和录像,记录事故现场全貌,既可提供较完善的信息内容,又可提供显示残骸和可能被清除或被践踏的痕迹,如爆炸物残片、刹车痕迹、地面和建筑物伤痕、火灾现场损害情况、冒顶下落的空间等。

⑤绘制事故图。事故图应包括了解事故情况所需的信息,如事故现场示意图、流程图、受害者位置图等。

(4)管理方面的调查。包括:

①企业及主管部门对国家安全生产方针和安全生产法律法规的执行情况。

②企业安全管理机构和安全管理人员配备情况。

③企业安全生产规章制度的制订和执行情况。

④《作业规程》及技术措施的编制、审批和实施情况。

⑤对员工的安全培训和教育情况。

⑥安全技术措施经费的提取和使用情况。

⑦历年来的安全情况。

(5)事故原因的确定。在整理和阅读调查材料的基础上,首先进行事故的伤害分析,然后分析和确定事故的直接原因和间接原因,最后进行事故的责任分析,确定事故的责任者。

事故伤害分析按受伤部位、受伤性质、起因物、致害物及伤害方式等方面进行。在事故直接原因分析中要找出直接导致事故的不安全行为和不安全状态。间接原因分析要找出人的不安全行为和物的不安全状态产生的原因,特别要找出管理方面的缺陷。

实际工作中,可以从以下方面寻找不安全行为的直接原因:

①操作错误、忽视安全、忽视警告。

②造成安全装置失效。

③使用不安全设备。

④手代替工具操作。

⑤物体存放不当。

⑥冒险进入危险场所。

⑦攀、坐不安全位置。

⑧在起吊物下作业、停留。

⑨机器运转时进行加油、修理、检查、调整、焊接、清扫等工作。

⑩分散注意力。

⑪未用个人防护用品。

⑫不安全装束。

⑬对易燃、易爆物处理不当。

可以从以下方面寻找不安全状态的直接原因:

①防护、保险、信号等装置缺乏或有缺陷。

②设备、设施、工具、附件有缺陷。

③个人防护用具——防护服、手套、护目镜及面罩、呼吸器官护具、听力护具、安全带、安全帽、安全鞋等缺少或有缺陷。

④生产场地环境不良。

可以从以下方面寻找间接原因:

①技术和设计上的缺陷,如工业构件、建筑物、机械设备、仪器仪表、工艺过程、操作方法、维修检验等设计、施工和材料使用存在问题。

②教育培训不够、未经培训、缺乏或不懂安全操作技术知识。

③劳动组织不合理。

④对现场工作缺乏检查或指导错误。

⑤没有安全操作规程或规程内容不具体、不可行。

⑥没有认真采取防止事故措施,对事故隐患整改不力。

⑦其他。

7. 事故责任的追究

处理事故的主要目的,在于吸取教训,采取措施,消除导致发生事故的各种不安全因素,避免同类事故再次发生。因此,对于事故的处理,一定要做到“四不放过”。

根据对事故直接原因和间接原因的分析,确定事故的直接责任者、领导责任者和主要责任者。

通过追究事故责任,使事故责任者受到教育,使事故单位领导和广大职工从中吸取教训,改进工作,提高事故预防水平,同时也对社会其他成员起到警示作用。

根据《企业职工伤亡事故报告和处理规定》,因忽视安全生产、违章指挥、违章作业、玩忽职守或者发现事故隐患、危害情况而不采取有效措施以致造成伤亡事故的,由企业主管部门或企业按照国家有关规定,对企业负责人和直接责任人给予行政处分；构成犯罪的，由司法机关依法追究刑事责任。

安全事故发生后隐瞒不报、谎报、故意拖延不报、故意破坏事故现场，或者无正当理由而拒绝接受调查以及拒绝提供有关情况和资料的，由有关部门按照国家有关规定，对有关单位负责人和直接责任人给予行政处分；构成犯罪的，由司法机关依法追究刑事责任。

安全监督管理机构依据安全生产法规，对违反法规的单位（法人）给予下列三种行政处罚：

（1）罚款。

（2）注销或收回所发的生产许可证、产品合格证。

（3）停产、整顿、封闭。

安全监督管理机构对违反法规的责任者和领导者，可以提出处理意见，按照管理者管理权限由监督部门或主管部门给予纪律处分。纪律处分形式有：警告、严重警告、记过、记大过、降低职务（岗位）、降低工资等级、撤职、留用察看、开除。

8. 建立事故档案

各职能部门按分工整理登记和保管好事故资料，对所有事故的调查分析资料，如现场检查记录、照片、技术鉴定、化验分析数据、会议记录、旁证材料、综合调查及登记表、报告书等，均应妥善保管。重大事故登记表，应填写事故单位、名称、原因、伤害情况、作业概要、事故概况及事故分析、事故教训和防范措施，事故责任认定及处理等内容。

9. 事故预测

预测的目的，就是要判明生产装置中所存在的各种危险，研究这种危险将会通过什么样的途径酿成事故，以便事先采取措施，做到防患于未然。

（1）预测的时间：

①工程计划的准备阶段。

②工程设计阶段。

③工程建设、竣工、投运阶段。

④检修复工阶段。

⑤装置报废阶段。

(2)事故预测的六阶段:

第一阶段:资料准备。

第二阶段:定性预测(评价)。

第三阶段:定量预测(评价)。

第四阶段:确定安全措施。

第五阶段:根据以往事故经验再预测(评价)。

第六阶段.用FTA(事故树)方法再预测(评价)。

(3)六阶段的具体内容:

①资料准备。搜集所有资料,包括建厂条件;装置配置图;结构平面、断面、立面图;仪表室和配电室平面、断面、立面图;原材料、中间体、产品、辅助剂等的物化性质及对人的影响;反应过程;制造工程概要;流程图、流程机器表;配管、仪表系统图;安全设备种类及设置位置图;运转要点;人员配置图及人员素质材料;技术、安全教育训练计划;三废处理资料及流程图;其他有关资料。并组织研究讨论。

②定性预测。用安全检查表检查,根据查出的设计、基建、操作、平面布置、建筑、工艺、设备、物料等方面存在的问题,进行定性评价。

③定量预测。将装置划分为几个单元,对各单元从容量、温度、压力、操作等几项内容进行计算、评定,算出危险总数,定出危险等级。

④确定安全措施。

a. 人员配备要根据技术、知识经验和身体状况,按危险等级进行配备。

b. 进行教育训练。为确保装置的安全,提高技能和判断力,确定指挥联络体制,在一定期间重复操作,进行实验技术训练(包括维修和紧急时的操作方法)。

c. 运转管理要有操作规程,发生事故要有事故记录,开车前检查开车程序表,停车时检查停车程序表、紧急处理工程表及其他有关资料。

d. 维修管理。要有健全的维修体制、定期的维修计划和维修记录。

e. 根据概率值确定发生事故可能性大小以后,对必然要发生事故、非常容易发生事故的要立即停产整改;对较易发生事故、不易发生事故和难发生事故的要安排整改,对很难发生事故和极难发生事故的,可以放在全面停车时整改。

f. 由以往事故经验再预测(评价)。在完成了第四阶段的预测以后,根据装置以往的事故进行再预测,需改进时按第四阶段重复讨论,新建装置应根据设计内容并参照同类设备、装置以往的事故进行再预测。危险度为二级和三级装置,在完成上述五个阶段预测后，预测工作可结束。危险度为二级的新建装置，在完成上述五个阶段后，则可以建设。

g. 对危险度为一级的装置，用FTA（事故树）方法再预测（评价）。用布尔代数和概率计算事故可能发生的概率。如果通过预测发现需改进的地方，则要上安全措施。对新装置来说则要修改设计，然后进行建设。

第三节　健康、安全与环境管理体系

健康、安全与环境管理体系（简称HSE管理体系）是一种先进的系统化、科学化、规范化、制度化的管理方法，推行HSE管理体系是国际石油行业、化工行业安全管理的现代模式，也是当前进入国际市场竞争的通行证。早在1999年10月国家经贸委发出了《关于开展职业安全卫生管理体系认证工作的通知》，极大地推进了我国企业安全管理与国际通行的现代安全、环境与健康一体化管理模式接轨。

一、HSE管理体系的概念

安全、环境与健康管理体系是一种事前进行风险分析，确定其自身活动可能发生的危害及后果，从而采取有效的防范手段和控制措施防止事故发生，以减少可能引起的人员伤害、财产损失和环境污染的有效管理方法。HSE管理体系在实施中突出责任和考核，以责任和考核保证管理体系的实施。

安全，是指在劳动生产过程中，努力改善劳动条件，克服不安全因素，使劳动生产在保证劳动者健康、企业财产不受损失、人民生命安全得到保障的前提下顺利进行。环境，是指与人类密切相关的、影响人类生活和生产活动的各种自然力量或作用的总和。它不仅包括各种自然因素的组合，还包括人类与自然因素间相互形成的生态关系的组合。健康，是指人身体上没有疾病，在心理上（精神上）保持一种完好的状态。由于安全、环境与健康管理在实际工作过程中，有着密不可分的联系，因而把健康（Healthy）、安全（Safety）和环境（Environment）管理形成一个整体管理体系，称作HSE管理体系。

二、HSE 管理体系发展历程

在工业发展初期由于生产技术落后，人类只考虑对自然资源的盲目索取和破坏性开采，而没有从深层次意识到这种生产方式对人类所造成的负面影响。国际上的重大事故对安全工作的深化发展与完善起到了巨大的推动作用，引起了工业界的普遍关注，深深认识到石油、石化、化工行业是高风险的行业，必须更进一步采取有效措施和建立完善的安全、环境与健康管理系统，以减少或避免重大事故和重大环境污染事件的发生。

由于对安全、环境与健康的管理在原则和效果上彼此相似，在实际过程中，三者之间又有着密不可分的联系，因此有必要把安全、环境和健康纳入一个完整的管理体系。1991 年，壳牌公司颁布健康、安全、环境（HSE）方针指南。同年，在荷兰海牙召开了第一届油气勘探、开发的健康、安全、环境（HSE）国际会议。1994 年在印度尼西亚的雅加达召开了油气开发专业的安全、环境与健康国际会议，HSE 活动在全球范围内迅速展开。HSE 管理体系是现代工业发展到一定阶段的必然产物，它的形成和发展是现代工业多年工作经验积累的成果。HSE 作为一个新型的安全、环境与健康管理体系，得到了世界上多现代大公司的共同认可，从而成为现代公司共同遵守的行为准则。

美国杜邦公司是当今西方世界 200 家大型化工公司中的第一大公司，该公司在海外 50 多个国家和地区中设有 200 多家子公司，联合公司雇员约有 20 万人。杜邦公司推行 HSE 管理，企业经营管理和安全管理都达到国际一流水平。荷兰皇家石油公司/壳牌公司集团是世界上四大石油石化跨国公司之一，该公司拥有员工约 43000 人。1984 年该公司学习了美国杜邦公司先进的 HSE 管理经验，取得了非常明显的成效。英国 BP—Amoco 追求并实现出色的健康、安全和环保表现，对健康、安全和环保表现的承诺是该集团五大经营政策（道德行为、雇员、公共关系、HSE 表现、控制和财务）之一。BP 集团健康、安全与环境表现的承诺为：每一位 BP 的职员，无论身处何地，都有责任做好 HSE 工作。良好的 HSE 表现是事业成功的关键。目标是无事故、无害于员工健康、无损于环境。

三、实施 HSE 管理体系的意义

1. 建立 HSE 管理体系是贯彻国家可持续发展战略的要求

为了人类的生存与发展的需要，我国政府在《国民经济发展“九五”计划和 2010

年远景规划纲要》中提出了国家的可持续发展战略，将保护环境作为基本国策。化学工业的风险较大，对环境影响较广，建立和实施符合我国法律法规和有关安全、职业卫生、环境保护要求的 HSE 管理体系，有效地规范生产活动，进行全过程的安全、环境与健康控制，是安全生产、环境保护和人员健康的需要，是化工企业的社会责任，也是对实现国民经济可持续发展的贡献。

2. 实施 HSE 管理体系对化工企业进入国际市场将起到良好的促进作用

HSE 管理体系已成为国际一些大型公司对安全、环境和健康一体化管理的国际通行做法。不实行 HSE 管理的企业在对外合作中将受到限制。实施 HSE 管理，可以促进我们的管理与国际接轨，树立良好的企业形象，有利于公司顺利进入国际市场。

3. 实施 HSE 管理可以节约能源和资源

HSE 管理体系采取积极的预防措施，将安全、环境与健康管理体系纳入企业总的管理体系之中，通过实施 HSE 管理，对企业的生产实行全面控制，降低事故发生率，减少环境污染，降低能耗，减少用于事故处理、环境治理、“三废”治理和预防职业病发生的费用。

4. 实施 HSE 管理可以减少各类事故发生

HSE 管理体系通过对人(企业)的行为可能导致的危害及后果进行分析，从而采取有效的防范手段和控制措施，减少或消除人(企业)的行为对人身、财产和环境造成的伤害，将事故影响和损失降低到最低限度。

5. 实施 HSE 管理可以提高企业安全、环境与健康管理水平

加强安全、环境与健康的教育培训，引进新的管理技术，增加 HSE 工作的科技含量，促使企业在满足职业安全卫生和环境法规要求、健全管理机制、改进管理质量、提高运营效益等方面建立一体化管理体系。

6. 实施 HSE 管理可以改善企业形象，提高经济效益

随着人们安全、环境与健康意识的不断提高，对环境友好产品、人身健康及财产安全的要求日益增高。如果企业接连发生事故，造成环境污染，就会导致与周边社区和居民之间的关系恶化，严重影响企业的经济活动。企业通过 HSE 管理，减少和预防事故发生，不仅满足了职工和社会对健康、安全与环境的要求，而且有利于改善企业形象，取得商业利益和增强市场竞争优势，使企业的经济效益、社会效益和环境效益有机地结合在一起。

四、HSE 管理体系构成

HSE 管理体系由 HSE 管理的十大要素、企业的管理规范、企业及其职能部门 HSE 实施计划和程序编制指南等构成。

HSE 管理的十大要素是：

(1)领导承诺、方针目标和责任。

(2)组织机构、职责、资源和文件控制。

(3)风险评价和隐患治理。

(4)承包商和供应商管理。

(5)装置(设施)设计与建设。

(6)运行与维护。

(7)变更管理和应急管理。

(8)检查、考核和监督。

(9)事故处理和预防。

(10)审核、评审和持续改进。

新的 HSE 管理体系，不是抛弃原来已有的职业安全卫生的规章制度、安全工作方针目标和管理原则，而是运用现代管理理念，对现有制度的系统化、标准化，使其更加完善，更符合现代企业的管理模式。

第七章

质量管理与 ISO 9000

产品质量、服务质量和工程质量是市场竞争力的基础，是消费者合法权益的保障，是一个国家综合国力的象征，也是社会可持续发展的关键因素。质量和质量管理已是当代最具有社会影响的问题之一。

“21 世纪是质量的世纪”。产品质量的好坏直接关系到国家的兴衰，企业自身的生存和消费者的利益。每一个企业，每一个企业的从业人员，必须树立“质量第一，用户第一”的质量理念，掌握必要的质量管理理论和方法，并在实践中加以运用，使企业在激烈的市场竞争中立于不败之地。

第一节　质　量

一、质量的基本概念

1. 质量的定义及内涵

“质量”是最能体现时代信息的基本术语之一。

可以说“质量”术语的演进，是反映质量概念及其术语体系不断更新完善过程的一个重要侧面和缩影。“质量”的最新定义是“一组固有特性满足要求的程度。”

满足要求的程度就是世界著名质量管理专家 J. M. 朱兰（J. M. Juran）所说的“适用性”，对有形产品而言，通常具体包括八个方面：

（1）性能。产品主要功能达到的技术水平和等级，如钟表的走时准确度、电视机的图像清晰度等。

（2）附加功能。为使顾客更加方便、舒适等所增加的产品功能，如音响遥控器、照相机的自动卷片功能等。

（3）可靠性。产品完成规定功能的准确性和概率，如电视机平均无故障工作时间、机床的精度稳定期限等。

(4)一致性。产品符合产品说明书的程度,如汽车百公里耗油是否超过说明书规定数量、饮料中的天然固形物含量是否达到标识等。

(5)耐久性。产品或服务达到规定寿命的概率,如电冰箱达到规定无故障运行小时的概率。

(6)维护性。产品是否容易修理和维护。

(7)美学性。产品外观是否具有吸引力和艺术性。

(8)感觉性。产品是否使人产生美好联想,如服装面料的手感、广告用语使人产生的联想等。

2. 化工产品的质量指标

化工产品属于特殊的有形产品,即所谓的"流程性材料",由于具有品种多、用途广,易燃、易爆、有毒、有腐蚀、易污染环境,产品的生产工艺千差万别等特点,因而其质量一般可用外在指标和内在指标来衡量。

(1)产品的外在指标。外在指标是能通过人的感官来感知的指标,化工产品的外在指标主要包括产品的外观、形态、色泽、气味等内容,这些指标往往成为判别产品质量的依据之一。对有经验的人来说,通过对产品的外表观察,往往能大致识别出某些产品或某一产品的质量规格。

化工产品的形态可分为气、液、固三种。气体产品有压缩气体、液化气体或溶解气体。液体产品有呈流动状的和黏稠状的,前者如乙醇、汽油等,后者如甘油、浓硫酸等;有的液体产品有颜色(如工业液体烧碱呈紫蓝色),有的为无色(如醋酸)。固体产品有粉状、粒状、条状、片状或块状,如同样是活性炭,由于使用的目的不同,有的用户需要粉状,有的需要粒状,也有的需要条状,即便是粉状,还有具体的细度,不同行业对粒状、条状产品也分别有不同的尺寸指标,这些指标就成为产品质量的内容之一;在固体产品中还有不少产品具有一定的晶形和色泽,如食盐是无色的立方晶体,五水合硫代硫酸钠为无色透明单斜晶体,而高锰酸钾则是深紫色带金属光泽的粒状或针状晶体等。不同产品的不同晶形的色泽往往也成为产品的外在指标之一。

有些产品还具有特定的气味。例如盐酸有刺鼻的氯化氢气味,氨水具有特定的氨臭,硫化氢具有令人恶心的臭鸡蛋气味,苯有芳香气味,汽油和煤油也都各自有其独特的气味等。因此，人们有时在看不到具体产品的外观形状时，就可凭借化工产品所特有的气味判别出产品。

有些化工产品因包装、贮存等原因，使固体产品潮解变成液体（如硫化碱等），或液体产品变色（如浓硝酸由无色变成红棕色等）与否也往往作为衡量某产品质量的指标之一。

（2）产品的内在质量及指标。化工产品除对其外在指标有一定要求外，更主要的是对其内在质量（如产品纯度、杂质含量等）有一定要求。化工产品内在质量往往是确定该产品规格等级的主要依据。同一类化工产品，可以因内在质量指标的不同，其产品的等级、售价、使用对象及包装也不同。化工产品的质量规格一般由以下内容组成：

①产品等级。国产的化工产品一般用“一级品”、“二级品”、“三级品”等区分。也有部分产品，如松香分为六级。表示级别数越小，说明产品质量越高，如“一级品”质量比“二级品”高。依此类推，有的产品质量（如纯度）高于一级品时在该级以上又增设特级品档次，如石灰氮总氮含量，“一级品”规定为 18%，而特级品规定为 20%。

②主要成分含量。大多以百分数（重量）表示，如纯碱“一级品”的碳酸钠含量 ≥99%，“二级品”≥98.5%，“三级品”≥98%。乙醇例外，它以体积百分数表示其含量，如 95% 的乙醇，系表示 100 容量的体积中含有 95 容量的乙醇。当一些有机物很难用百分数表示其含量时，可采用与有机物主要成分含量有一定依附关系的物理数据来反映。例如有些有机溶剂可用馏程来表示，即在某一固定温度或温度范围内，每 100 毫升有机溶剂有多少毫升可蒸馏出来，蒸馏出来的馏分越多，意味着该溶剂的纯度（或含量）越高。

③有效成分。是指产品在应用时能起作用的成分，如 35% 漂白粉，是表示 100kg 漂白粉中有相当于 35kg 的具有漂白效力的氯。

④用物理性参数表示。当液态产品的纯度或主要成分含量与其密度有关，并有一定规律时，可用该产品的密度来表示其纯度或主要成分含量。例如甘油在 20℃时的密度为 1.2534g/cm^3，此时其对应纯度为 97%。有些产品也有用相对密度来表示其纯度或主要成分含量。液体的相对密度如无特殊注明，一般是指该产品在规定温度下的密度与 4℃水的密度之比值。因 4℃时水的密度近似为 1g/cm^3，故其相对密度数值可视为该产品的密度，不同的只是前者无单位，而后者有单位。有些有机产品还常用凝固点、软化点、沸点等物理指标来表示产品的纯度或主要成分含量，如

工业苯酚常用凝固点数据来表示其质量，许多合成树脂用软化点作为其主要规格。

⑤杂质含量。为了适应不同对象的需要，有些产品中的杂质含量必须控制在某指标之下，并以此作为产品的等级依据之一。例如橡胶工业用的轻质氧化镁，要求其中锰盐含量不得大于0.003%；硫酸铝用于净水时，其中砷含量不得大于0.01%；用于半导体工业的电子纯化学试剂，要控制的主要杂质有近二十项，单项杂质含量常控制在百万分之一数量级；还有要求更高的用于集成电路工业的配套化学品，要控制的主要杂质约二十项，单项杂质含量比电子纯化学试剂还要低，常要求十亿分之一数量级。针对不同需要，产品中的杂质要求也不同，产品的规格等级也就不同。

由于化工产品具有以上特性，因此应从外在质量、内在质量特性方面综合评价产品的适用性如何。

为了统一全国范围内的化工产品规格、质量指标、检测方法等，国家和各主管部门根据国内生产企业的现有水平和用户要求，参照国外同类产品，对许多重要的化工产品制定了相应的产品标准。

二、质量过程

产品和服务质量从形成过程来说，有设计过程质量、制造过程质量和使用过程质量及服务过程质量之分。

1. 设计过程质量

设计过程质量指设计阶段所体现的质量，也就是产品设计符合质量特性要求的程度，它最终通过图样和技术文件质量来体现。

2. 制造过程质量

制造过程质量，也称符合性质量，指按设计要求，通过生产工序制造而实际达到的实物质量，既是设计质量的实现也是制造过程中，操作工人、技术装备、原料、工艺方法以及环境条件等因素的综合产物。

3. 使用过程质量

使用过程质量是在实际使用过程中所表现的质量，它是产品质量与质量管理水平的最终体现。

4. 服务过程质量

服务过程质量指产品进入使用过程后，生产企业（供方）对用户的服务要求的满足程度。

三、工作质量

工作质量一般指与质量有关的各项工作，以及对产品质量、服务质量的保证程度。工作质量涉及各个部门、各个岗位工作的有效性，同时，决定着产品质量、服务质量。然而，它又取决于人的素质，包括工作人员的质量意识、责任心、业务水平。其中，最高管理者（决策层）的工作质量起主导作用，一般管理层和执行层的工作质量起保证和落实的作用。

工作质量能够反映出企业的组织工作、管理工作与技术工作的水平。工作质量的特点是它不像产品质量那样直观地表现在人们面前，而是体现在一切生产、技术、经营活动之中，并且通过企业的工作效率及工作成果，最终通过产品质量和经济效果表现出来。

产品质量指标可以用产品质量特性值来表示，常用的化工产品，国家制定了相应的产品标准，如工业用合成盐酸，国家标准代号为 GB 320—2006。而工作质量指标，一般是通过产品合格率、废品率和返修率等指标表示。例如合格率的提高，废品率、返修率的下降，就意味着工作质量水平的提高。然而，工作质量在许多场合是不能用上述指标来直接定量的，而通常是采取综合评分的方法来定量评价。例如，工作质量的衡量可以通过工作标准，把“需要”予以规定，然后通过质量责任制等进行评价、考核与综合评分。具体的工作标准依不同部门、岗位而异。

对于生产现场来说，工作质量通常表现为工序质量。所谓工序质量是指操作者（Man）、机器设备（Machine）、原材料（Material）、操作及检测方法（Method）和环境（Environment）五大因素（即 4M1 E）综合起作用的加工过程的质量。在生产现场抓工作质量，就是要控制这五大因素，保证工序质量，最终保证产品质量。

四、产品质量形成规律

产品质量是如何形成的，有没有规律性？这个问题直接关系到质量管理的理论基础，其重要性是不言而喻的。但是，对这个表面上看似简单的问题，人们却经历了一个漫长而艰辛的历史探索过程。在实践中，至今仍存在一些认识上的误区。

现在,人们已经认识到,产品质量不是检验出来的,也是不宣传出来的。如果只是依靠产品出厂前的严格检验来保证出厂产品的质量,不仅可能严重损害企业的经济效益,而且,从某种意义上讲,检验是对资源浪费的容忍。如果只是依靠媒体的宣传广告来塑造企业产品的质量形象,那么当产品质量名不副实的真实面貌被顾客识破后,产品的前途和企业的形象必将毁于一旦。那么,产品质量能否被认为是生产出来的呢?这种认识似乎比前两种认识前进了一步,但还不能说是完全正确的。如果产品设计和开发的创意与市场的实际需求有所偏离,或者产品设计的功能、质量目标的定位不当,或者产品的销售导向及服务不尽如人意,那么即使生产过程完全满足符合性要求,产品仍然不能很好地满足顾客明示和隐含的要求。从顾客的立场来看,这种产品的质量还是不能令其满意的。

显然,产品质量是产品实现全过程的结果。产品质量有一个从产生、形成到实现的过程,在这一过程中的每一个环节都直接或间接地影响到产品的质量。这些环节分布于质量形成全过程中的各个质量职能。

1. 质量螺旋模型

为了表述产品质量形成的这种规律性,美国质量管理专家朱兰(J. M. Juran)曾经提出一个质量螺旋模型。所谓质量螺旋(Quality Spiral),是表述影响质量的相互作用活动的概念模式,是一条呈螺旋上升的曲线,它把全过程中各个质量职能按逻辑顺序串联起来,用以表征产品质量形成的整个过程及其规律性,通常称之为"朱兰质量螺旋",见图7-1。朱兰质量螺旋模型反映了产品质量形成的客观规律,是质量管理的理论基础,对于现代质量管理的发展具有重大意义。

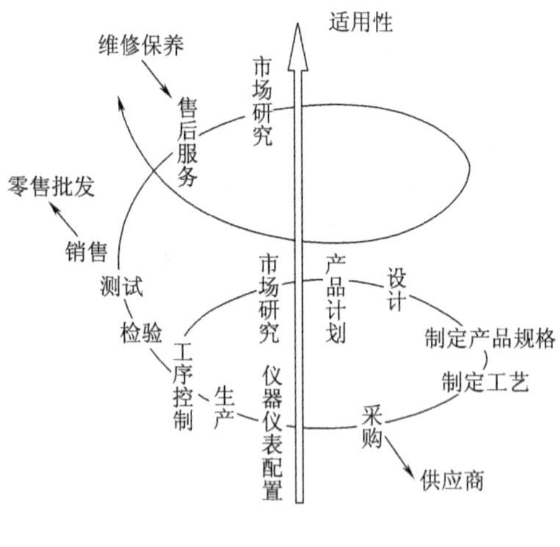

图7-1 质量螺旋模型

从朱兰质量螺旋模型可以看出:

(1)产品质量形成全过程包括13个环节(质量职能):市场研究、产品计划、设计、制订产品规格、制订工艺、采购、仪器仪表配置、生产、工序控制、检验、测试、销售和售后服务。

(2)产品质量的形成和发展是一个循序渐进的过程。13 个环节构成一轮循环，每经过一轮循环，产品质量就有所提高。产品质量的提高在一轮又一轮的循环中总是在原有基础上有所改进、有所突破，且连绵不断、永无止境。

(3)作为一个产品质量系统，系统目标的实现取决于每个环节质量职能的落实和各个环节之间的协调。因此，必须对质量形成全过程进行计划、组织和控制。

(4)质量系统是一个开放的系统，和外部环境有着密切的联系。这种联系有直接的(质量螺旋中箭头所指处)，也有间接的。例如采购环节和物料供方有联系，销售环节和零售批发商有联系，服务和顾客有联系，等等。此外，市场研究环节需要研究产品市场，几乎所有环节都需要人来工作，而人力资源主要由社会来培养和提供，所以，产品质量的形成和改进并不只是企业内部行为的结果。质量管理是一项社会系统工程，需要充分考虑外部因素的影响。

(5)产品质量形成全过程中的每一个环节均需依靠人员的参与和完成，人的质量以及对人的管理是过程质量和工作质量的基本保证。所以，人是产品质量形成全过程中最重要、最具能动性的因素。现代质量管理十分强调以人为本的管理，其理论根据即在于此。

2. 质量循环图和质量环

朱兰质量螺旋模型深刻而形象地揭示了产品质量形成的客观规律性，与它有异曲同工之妙的常见表述还有质量循环图和质量环。

(1)质量循环图由瑞典的质量管理专家桑德霍姆提出，如图 7 -2 所示。

(2)质量环表明：

①所有的职能部门都直接或间接地对质量产生影响。

②职能部门中的每个人在日复一日的工作中对质量产生影响，因此都对质量负有责任。

③质量是有关职能部门许多活动的结果。

④如果要按市场要求生产产品和提供服务，即既要满足顾客的要求和期望，又要求合理的成本，则需要所有与质量有关的活动的协调合作。确保所有的活动具有整体性并协调一致是非常重要的，否则将存在以下风险：

a. 每个部门和个人都确立了自己的目标，但这些目标可能与组织的整体目标不协调。

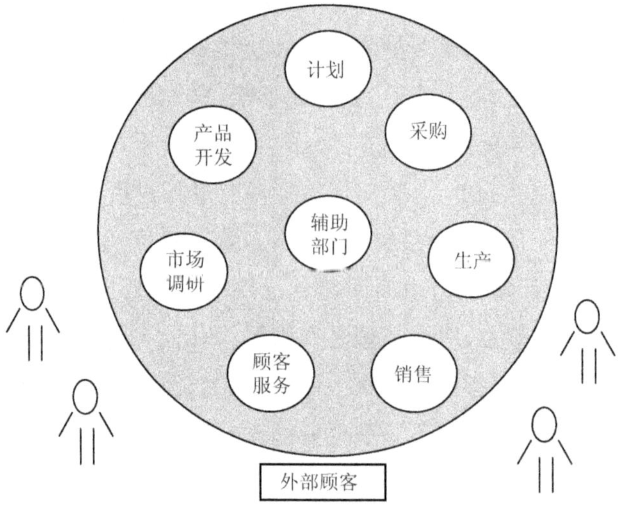

图7-2 质量环

b. 协作是必须的，机遇会在协作过程中产生很大的作用，而机遇又存在很大的不确定性。

c. 当一个人出现问题，其他人产生抱怨时，将造成不良的协作气氛，其根本的原因是缺乏协调。

人们发现，为了努力协调以获得良好的质量结果，有必要将所有活动建立在质量方针、质量目标、质量管理体系和组织结构及管理职责的基础之上。

第二节 质量管理

根据 ISO 8402—2000 给出的定义，质量管理是“在质量方面指挥和控制组织的协调活动”。质量管理是一个组织的管理职能和重要组成部分，质量管理是指“确定质量方针、目标和职责，并通过质量体系中的质量策划、质量控制、质量保证和质量改进来使其实现所有管理职能的全部活动”。这个定义指出了质量管理是一个组织管理职能的重要组成部分，必须由一个组织的最高管理者来推动，质量管理是各级管理者的职责，并且和组织内的全体成员都有关系，他们的工作都直接或间接地影响着产品或服务的质量。因此，质量管理的涉及面很广，从横向来说，包括战略计划、资源分配和其他系统活动，如质量计划、质量保证、质量控制等活动；从纵向来说，质量管理包括质量方针、质量目标以及质量体系。

一、质量管理的发展历程

1. 质量检验阶段（20 世纪 20～30 年代）

20 世纪初，美国企业出现了流水作业等先进生产方式，提高了对质量检验的要求，随之在企业管理队伍中出现了专职检验人员，组成了专职检验部门。从 20 世纪初到 20 世纪 40 年代前，美国的工业企业普遍设置了集中管理的技术检验机构。

质量检验对于工业生产来说，无疑是一个很大进步，因为它有利于提高生产率，有利于分工的发展。但从质量管理的角度看，质量检验的效能较差，因为这一阶段的特点就是按照标准规定，对成品进行检验，即从成品中挑出不合格品，这种质量管理方法的任务只是“把关”，即严禁不合格品出厂或流入下一工序，而不能预防废品产生。虽然可以防止废品流入下道工序，但是由废品造成的损失已经存在，所以是无法消除的。

1924 年，美国贝尔电话研究所的统计学家休哈特博士提出了“预防缺陷”的概念。他认为，质量管理除了检验外，还应做到预防，解决的办法就是采用他所提出的统计质量控制方法。

与此同时，同属贝尔研究所的 H. F. 道奇（H. F. Dodge）和 H. G. 罗米格（H. G. Romig）又共同提出，在破坏性检验的场合采用“抽样检验表”，并提出了第一个抽样检验方案。此时，还有 A. 瓦尔德（A. wald）的序贯抽样检验法等统计方法。但在当时，只有少数企业，如通用电器公司、福特汽车公司等采用他们的方法，并取得了明显的效果，而大多数企业却仍然搞事后检验。这是由于 20 世纪 30 年代前后，资本主义国家发生严重的经济危机，在当时生产力发展水平不高的情况下，对产品质量的要求也不可能高，所以，用数理统计方法进行质量管理未被普遍接受。因此第一阶段，即质量检验阶段一直延续到 20 世纪 40 年代。

2. 统计质量管理阶段（20 世纪 40～50 年代）

由于第二次世界大战对大量生产（特别是军需品）的需要，质量检验工作立刻显示出其弱点，检验部门成了生产中最薄弱的环节。由于事先无法控制质量以及检验工作量大，军火生产常常延误交货期，影响前线军需供应。这时，休哈特防患于未然的控制产品质量的方法及道奇、罗米格的抽样检查方法被重新重视起来。美国政府和国防部组织数理统计学家去解决实际问题，制定战时国防标准，即21.1《质量控制指南》、21.2《数据分析用的控制图法》、21.3《生产中质量管理用的控制图》，这三个标准是质量管理中最早的标准。

在美国战时的质量管理方法的研究中，哥伦比亚大学的"统计研究组"作出了较大的贡献。该组是作为政府机关的应用数学咨询机构而成立的(1942年6月成立，1945年9月撤销)，在其许多的研究成果中，具有特殊意义的是瓦尔德提出的逐次抽检(序贯抽检)法。

第二次世界大战后，美国的产业界顺利地从战时生产转入到和平生产，统计方法在国民工业生产中得到了广泛的应用。随后，在欧美各国企业相继推广开来。

这一阶段的手段是利用数理统计原理，预防产生废品并检验产品的质量。在方式上是由专职检验人员转过来的专业质量控制工程师和技术人员承担。这标志着将事后检验的观念转变为预防质量事故的发生并事先加以预防的概念，使质量管理工作前进了一大步。

但是，这个阶段曾出现了一种偏见，就是过分地强调数理统计方法，忽视了组织管理工作和生产者的能动作用。使人误认为"质量管理好像就是数理统计方法"、"质量管理是少数数学家和学者的事情"，因而对统计的质量管理产生了一种高不可攀、望而生畏的感觉。这种倾向阻碍了数理统计方法的推广。

3. 全面质量管理阶段（20世纪60年代至今）

从20世纪60年代开始，进入全面质量管理(Total Quality Management，TQM)阶段。20世纪50年代后，由于科学技术的迅速发展，工业生产技术手段越来越现代化，工业产品更新换代也越来越频繁。特别是出现了许多大型产品和复杂的系统工程，质量要求大大提高了，特别是对安全性、可靠性的要求越来越高。此时，单纯靠统计质量控制，已无法满足要求。因为整个系统工程与试验研究、产品设计、试验鉴定、生产准备、辅助过程、使用过程等每个环节都有着密切关系，仅仅靠控制过程是无法保证质量的。这样就要求从系统的观点，全面控制产品质量形成的各个环节、各个阶段。其次，由于行为科学在质量管理中的应用，其主要内容就是重视人的作用，认为人受心理因素、生理因素和社会环境等方面的影响。因而必须从社会学、心理学的角度去研究社会环境、人的相互关系以及个人利益对提高工效和产品质量的影响，发挥人的能动作用，调动人的积极性来加强企业管理。同时，认识到不重视人的因素，质量管理是搞不好的。因而在质量管理中，也相应地出现了“依靠工人”、“自我控制”、“无缺陷运动”和“QC 小组活动”等。

此外，由于“保护消费者利益”运动的发生和发展，迫使政府制定法律，制止企业生产和销售质量低劣、影响安全、危害健康等劣质品，要求企业对提供产品的质量承担法律责任和经济责任。制造者提供的产品不仅要求性能符合质量标准规定，而且在保证产品售后的正常使用过程中，使用效果良好，安全、可靠、经济。于是，在质量管理中提出了质量保证和质量责任问题，这就要求企业建立全过程的质量保证系统，对企业的产品质量实行全面的管理。

基于上述理由，美国通用电器公司的 A. V. 费根堡姆(A. V. Feigenbaum)首先提出了全面质量管理的思想，或称“综合质量管理”，并且在 1961 年出版了《全面质量管理》一书，他指出要真正搞好质量管理除了利用统计方法控制制造过程外，还需要组织管理工作，对生产全过程进行质量管理。他还指出，执行质量职能是企业全体人员的责任，应该使全体人员都具有质量意识和承担质量的责任。费根堡姆还同朱兰等一些著名质量管理专家建议，用全面质量管理代替统计质量管理。全面质量管理的提出符合生产发展和质量管理发展的客观要求，所以，很快被人们普遍接受，并在世界各地逐渐普及和推行。经过多年实践，全面质量管理理论已比较完善，在实践上也取得了较大的成功。

图 7－3，按时间顺序描述了质量管理的继承和渐进的历史发展历程。下面将对全面质量管理做重点介绍。

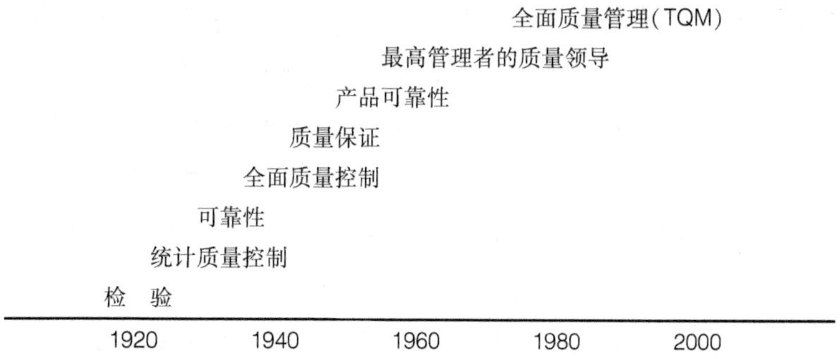

图 7－3　质量管理的发展

二、全面质量管理

1. 全面质量管理的概念

全面质量管理理论的诞生，是质量管理发展历史中最为光辉的里程碑。随着全面质量管理理论在世界范围内的传播、应用和推广，它的思想、理论和方法对于各国质量管理的理论研究和实际应用的指导价值已经得到充分的证实。全面质量管理是当今世界质量管理最基本、最经典的理论。

全面质量管理的概念和思想诞生于美国，费根堡姆和朱兰对此建树了不朽功绩。早在1961年，美国通用电气公司总裁费根堡姆在他的著作《全面质量管理》一书中就已提出了全面质量管理的概念："全面质量管理是为了能在最经济的水平上，并考虑到充分满足用户要求的条件下进行市场研究、设计、生产和服务，把企业内各部门的研制质量、维持质量和提高质量的活动，构成为一种有效的体系。"在国际标准ISO 8402：1994曾给出的定义："一个组织以质量为中心，以全员参与为基础，目的在于通过让顾客满意和本组织所有成员及社会受益而达到长期成功的管理途径"。在国际社会中对全面质量管理较为规范的称呼为TQM。

2. 全面质量管理的特点

全面质量管理的特点就是"全面"，所谓"全面"有以下四方面的含义。

（1）TQM是全面质量的管理。所谓全面质量就是指产品质量、过程质量和工作质量。全面质量管理不同于以前质量管理的特征之一，就是其工作对象是全面质量，而不仅仅局限于产品质量。全面质量管理认为应从抓好产品质量的保证入手，用优质的工作质量来保证产品质量，这样能有效地改善影响产品质量的因素，达到事半功倍的效果。

（2）TQM是全过程质量的管理。所谓的全过程是相对制造过程而言的，就是要求把质量管理活动贯穿于产品质量产生、形成和实现的全过程，全面落实预防为主的方针。逐步形成一个包括市场调研、开发设计直至销售服务全过程所有环节的质量保证体系，把不合格品消灭在质量形成过程之中，做到防患于未然。

（3）TQM全员参加的质量管理。产品质量的优劣，取决于企业全体人员的工作质量水平，提高产品质量必须依靠企业全体人员的努力。企业中任何人的工作都会在一定范围和一定程度上影响产品的质量。显然，过去那种依靠少数人进行质量管理是很不得力的。

因此，全面质量管理要求无论是哪个部门的人员，也无论是厂长还是普通职工，都要具备质量意识，都要承担具体的质量职能，积极关心产品质量。

(4) TQM 是全社会推动的质量管理。所谓全社会推动的质量管理，指要使全面质量管理深入持久地开展下去，并取得好的效果，就不能把工作局限于企业内部，而需要全社会的重视。需要质量立法、认证、监督等工作，进行宏观上的控制引导，即需要全社会的推动。全面质量管理的开展要求全社会推动这一点之所以必要，一方面是因为一个完整的产品，往往是由许多企业共同协作来完成的，如汽车的制造企业要从其他企业获得原材料，各种专业化工厂生产的零部件等。因此，仅靠企业内部的质量管理无法完全保证产品质量；另一方面，来自于全社会宏观质量活动所创造的社会环境可以激发企业提高产品质量的积极性和认识到它的必要性。例如，通过优质优价等质量政策的制订和贯彻，以及实行质量认证、质量立法、质量监督等活动以取缔低劣产品的生产，使企业认识到，生产优质产品无论对社会和对企业都有利，而质量不过关则企业无法生存发展，从而认真对待产品质量和质量管理问题，使全面质量管理得以深入持久地开展下去。

3. 全面质量管理的主要工作内容

全面质量管理是生产经营活动全过程的质量管理，要将影响产品质量的一切因素都控制起来，其中主要抓好以下几个环节的工作。

(1) 市场调查。市场调查过程中要了解用户需求所在，用户对产品质量的要求，以及对本企业产品质量的反映，为下一步工作指出方向。

(2) 产品设计。产品设计是产品质量形成的起点，是影响产品质量的重要环节，设计阶段要制订产品的生产技术标准。为使产品质量水平确定得先进合理，可利用经济分析方法。这就是根据质量与成本及质量与售价之间的关系来确定最佳质量水平。

(3) 采购。原材料、协作件、外购标准件的质量对产品质量的影响十分显著，因此要从供应单位的生产工艺、产品质量、价格和遵守合同的能力等方面来选择供应厂家。

(4) 制造。制造过程是产品实体形成过程，制造过程的质量管理主要通过控制影响产品质量的几大因素，即操作者的技术熟练水平、设备、原材料、操作方法、检测手段和生产环境来保证产品质量。

(5)检验。制造过程中同时存在着检验过程。检验在生产过程中起把关、预防和预报的作用。把关就是及时挑出不合格品,防止其流入下道工序或出厂;预防是防止不合格品的产生;预报是把产品质量状况反馈到有关部门,作为质量决策的依据。为了更好地起到把关和预防等作用,同时要考虑减少检验费用,缩短检验时间,要正确选择检验的方式和方法。

(6)销售。销售是产品质量实现的重要环节。销售过程中要实事求是地向用户介绍产品的性能、用途、使用方法、优点等,防止不合实际地夸大产品的质量,影响企业信誉。

(7)服务。抓好对用户的服务工作,如提供技术培训、编制产品说明书、开展咨询活动、解决用户的疑难问题以及及时处理出现的质量事故等。为用户服务的质量影响着产品的使用质量。

三、质量管理基础工作

质量管理的基础工作是组织质量管理体系有效运行的基本保证,通常包括:质量教育培训工作、质量责任制、标准化工作、计量管理工作和质量信息管理工作。

1. 质量教育培训工作

实践经验也已证明,开展质量管理必须“基于教育”。质量教育培训工作,一方面是增强质量意识和质量管理基本知识的教育,另一方面则是专业技术与技能的教育培训。

对不同的培训对象,质量教育培训的内容应有不同的侧重。但质量意识的教育,对于各种层次的对象都是一项经常性、长期性的教育内容。对于企业的管理者而言,还应侧重于质量管理基本理论及组织管理方法与技术业务等方面的教育。同时,要适时评价对从事影响产品质量工作的人员提供培训和采取其他措施以满足对人员能力和意识要求的有效性。

2. 质量责任制

质量责任制,旨在确定组织中各部门或个人在质量管理中应承担的任务和活动,规定每个员工的责任和相应的权力。将质量职责落实到每个员工身上,做到人人都有确定的任务和明确的责任,使事事都有人负责,形成一个严密的质量管理工作责任网络。实行预防为主、防检结合，一旦发现产品质量出现问题，即可查清责任，以便于采取相应对策与措施，予以解决，并确保产品的质量提高。

建立质量责任制，要明确规定各项活动之间的接口和协调措施。应特别重视职能与职能之间、部门与部门之间的接口设计。

3. 标准化工作

标准化工作是一项综合性的基础工作，它使组织复杂的管理工作系统化、规范化、简单化，以保证组织的生产经营或业务管理系统能够高效、准确、持续正常地运行。

标准化的对象是生产经营业务管理活动中存在重复性事物和概念，包括“物”和“事”的大方面。所谓“物”，是指产品、材料、设备、工具等有形的事物；所谓“事”，是指事物的处理方法、工作程序等无形的事物。开展标准化工作，就是按照标准化的原理，将生产经营业务活动中经常重复出现的“物”和“事”，用标准的形式统一起来，作为指导业务活动的准则和依据。

标准化是组织管理的重要基础和手段，它为实现各种管理职能提供了共同的准则。产品标准是企业管理目标在质量方面的具体化和定量化；各种质量标准则是生产经营活动在时间和数量方面的规律性的反映；各种其他标准为企业进行技术、生产、质量、物资、设备管理等提供了依据。因此，借助于标准化这个手段，将有效地把企业生产经营活动业务中的各个过程有机、合理的组织起来，使每个部门每一个人的分工明确、职责清楚，实现企业管理的合理化、科学化。

同时，标准化也是提高产品质量和发展产品品种的重要手段。产品标准为质量管理明确了目标、生产过程和操作方法的标准化，有利于控制影响产品质量及其波动的因素；运用标准化的设计思想，可以消除多余、不必要的产品品种、规格，可以用最少的要素组合形成较多的品种。

4. 计量管理工作

计量是关于测量和保证量值统一和准确的重要技术基础工作之一，它具有一致性、准确性、可溯性、法制性的特点。

在质量管理中，从设计开发质量的验证到使用质量的考核，每个环节都离不开计量工作，产品的每一个质量特性值都存在着量值统一和测量方法的问题。没有计量这个技术基础，定量分析就毫无依据，质量优劣更无法判断，因而也就谈不上质量管理。

5. 质量信息管理工作

质量信息是质量管理的耳目、依据和资源，对于产品质量改进、质量策划具有很大的意义。质量信息管理工作主要是对质量信息进行收集、整理、分析、反馈、建档，并提供利用。

质量信息应具备价值性、适用性、正确性、等级性、可追踪性和可加工性。

质量信息管理的主要任务是：

(1)为质量决策提供确切可靠、适时有效的信息。

(2)保证质量信息流畅无阻，确保质量管理工作正常、有序地运行。

(3)为内部考核和外部质量保证提供依据。在合同环境下，要根据顾客的要求提供质量保证的证据，因此，为外部质量保证提供足够的依据也是质量信息管理的基本任务。

(4)建立质量档案。全面地积累质量数据、资料、分类归档存贮、建立质量信息档案，随时提供利用，是质量信息管理的重要任务。

为使质量信息在质量管理活动中充分发挥作用，必须建立组织的质量信息系统(Quality Information System，QIS)，形成一种收集、存贮、分析和报告质量信息的组织体系，以便支持质量信息管理，帮助各级决策机构和决策者做出决策和迅速传递指令。

四、质量管理实施方法

1. PDCA 循环

PDCA 循环，即“计划——实施——检查——改进”工作循环的简称，最早由美国质量管理专家戴明提出来的，所以又称“戴明环”。

PDCA 模式可简述如下：

(1)大环套小环，相互衔接，互相促进。PDCA 作为企业管理的一种科学方法，适用于企业各个方面的工作，整个企业存在整体性的一个大的 PDCA 循环，各部门又有各自的 PDCA 循环，形成大环套小环，依次还有更小的 PDCA 循环，相互衔接、相互联系，如图 7 -4 所示。

(2)螺旋式上升。PDCA 进行周而复始的循环,每循环一次就上升一个台阶。每次循环都有新的内容与目标,都解决了一些质量问题,使质量水平犹如登梯似的不断提高,如图 7－5 所示。

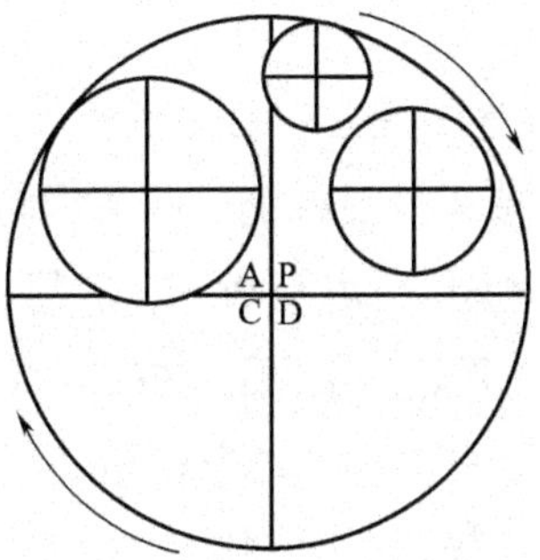

图 7－4　大环套小环式 PDCA 循环

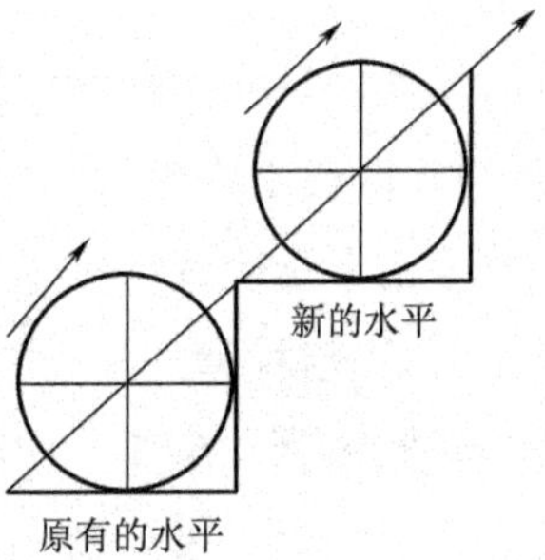

图 7－5　螺旋式 PDCA 循环

(3)推动 PDCA 循环,关键在于 A(改进)阶段。PDCA 循环分四个阶段共八个步骤,见图 7－6。对于质量管理来说,经验和教训都是宝贵的。通过总结经验教训,形成一定的标准、制度或规定,改进工作,才能促进质量水平的提高。因此,推动 PDCA 循环,一定要抓好改进这个阶段。

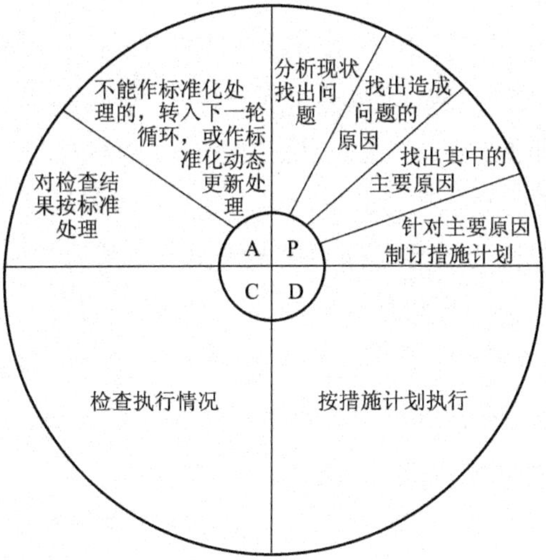

图 7－6　PDCA 循环图

按照PDCA循环的四个阶段、八个步骤推进提高产品质量的管理活动，还要善于运用各种统计工具和技术对质量数据、资料进行收集和整理，以便对质量状况做出科学的判断。

2. **质量目标管理**

目标管理(Management By Objective, MBO)是由企业的管理者和员工参与工作目标的制订，在工作中实行“自我控制”并努力完成工作目标的一种管理制度。

美国著名企业管理专家彼德·F. 德鲁克(Peter F. Drucker)早在20世纪50年代就提出了“目标管理与自我控制”的主张，他在《管理的实践》一书中对目标管理作了较全面的概括，指出:“如果一个领域没有特定的目标，这个领域必然会被忽视”，如果没有方向一致的分目标来指导每个人的工作，则企业的规模越大、人员越多时发生冲突和浪费的可能性就越大。每个企业管理人员或工人的分目标就是企业总目标对他的要求，同时也是这个企业管理人员或工人对企业总目标作出的贡献。只有每个企业管理人员和工人都完成了自己的分目标，整个企业的总目标才有实现的可能。企业人员对下级的考核和奖惩也是根据这些分目标来进行的。实行目标管理，使企业的成就成为每个员工的成就，有利于激励广大员工关心企业的兴衰，增强凝聚力和发扬“团队精神”。

目标管理强调从工作的结果抓起，因此，有助于推动人们为实现既定的目标去寻求先进的管理技术和专业技术，改进经营管理和各项作业活动。

实施质量目标管理的一般程序是:

(1)制订企业的质量总目标，通常是企业在一定时期内(多数企业均以一年为目标周期)经过努力能够达到的质量工作标准。目标应尽量具体化，可测量。

(2)以内部员工都能为质量目标的实现作出贡献的方式进行沟通，并规定质量目标的展开职责，将企业的质量总目标自上而下层层展开，落实到相关职能部门和员工，做到“千斤重担大家挑，人人肩上有指标”。这样，部门和个人的分目标，就是企业对他的要求，同时也是部门和个人对企业的责任和预期的贡献。这样做将有利于贯彻质量责任制与经济责任制。

在制订各级的分目标时，应制订相应的实施计划并明确管理重点，以便于检查和考核。质量目标应当系统地进行评审，并在必要时予以修订。

(3)以企业的战略策划和质量方针作为确立质量目标的框架并建立质量目标管

理体系，充分运用各种质量管理的方法和工具运作，质量目标应当是可测量的，以便管理者进行有效和高效的评审，以保证企业目标的实现。

(4) 评价企业质量总目标。通过定期的检查、诊断、考评、奖惩等手段，实施改进，必要时进行目标值的调整。对质量总目标实施效果的评价，应将不足之处和遗留问题置于下一个新的质量目标的循环系统中，进一步组织实施，以促进企业业绩的改进。

3. QC 小组活动

质量管理小组是指企业的员工围绕着企业的质量方针和目标，运用质量管理的理论和方法，以改进质量、改进管理、提高经济效益和人员素质为目的，自觉组织起来开展质量管理活动的小组，简称 QC 小组。

QC 小组最早起源于日本。日本的 QC 小组活动所取得的成功经验，引起了欧美的震惊和关注。1966 年美国质量管理专家朱兰博士参加了日本 QC 小组大会，后来他预见性地指出："通过推行这个(QC 小组)活动，日本将在世界上进入质量领先地位"。果然，这个预言被历史所证实。

我国的 QC 小组是 1978 年随着质量管理的引进而发展起来的，现已成为我国企业推进质量管理的重要基础和支柱之一。它的积极作用表现为下列四个方面：

(1) 为企业开展质量管理打好基础，为提高产品质量提供保证。

(2) 可以改善和增强人员素质，提高企业管理水平。

(3) 是实现企业质量方针、目标的基础。

(4) 为提高企业经济效益、降低成本开辟途径。

开展 QC 小组活动作为质量管理的一种措施和手段，必须加强管理，才能使 QC 小组活动取得满意的成效。

对 QC 小组活动的管理通常包括：小组的组建、登记注册、活动开展、成果发布、成果评价及优秀 QC 小组的评选和奖励等六个方面。

五、质量保证与控制

1. 质量保证

(1) 质量保证是致力于提供质量要求会得到满足的信任。这里指对达到预期质量要求的能力提供足够的信任。保证质量满足要求是质量保证的基础和前提，质量体系的建立和运行是提供信任的重要手段。组织规定的质量要求包括产品的过程和体系的要求必须完全反映顾客的要求，才能给顾客以足够信任。质量保证分为内部和外部保证两种，内部质量保证是组织向自己的管理者提供信任，外部质量保证是组织向顾客或其他相关方提供信任。

(2)化工产品的质量保证。由于化工产品具有诸多的特点，因此对它的质量保证内容也是复杂和繁多的。

要使产品的生产者、使用者确信该产品的质量能满足使用要求，就必须对该产品的设计、生产组织、生产工艺、质量检验、成品的包装、库存、运输、使用、指导、用后处理(废物的回收)等各个环节的质量保证活动做出具体规定。

产品从设计开始到成品入库，是在企业中进行的。研究该阶段的质量保证就会发现，能使一个企业得以进行生产的所有活动都会或多或少地影响着产品的质量，众多的影响因素可归纳为三个方面：

①技术要素。要求有良好的生产技术和与之相呼应的物质条件，即原材料、厂房、机器设备、仪器仪表等。

②人员要素。要求职工有一定的技术水平和认真负责的工作态度。

③管理要素。要求有现代化的企业管理，特别是现代化的质量管理。

完善实施由这三个要素构成的体系，产品的质量问题才能从根本上得到解决，这是企业内部的质量保证。

产品从生产厂的库房进入市场，经过运输、正确合理地使用和用后的完善处理，这是企业外部的质量保证。这一阶段的质量保证，涉及的问题除有产品本身的质量以外，还有与社会有关的问题，如物资运输的规定、环境保护法规、物资销售组织、售后的社会服务等，都与经济管理体制有着密切关系。

不同的化工企业，由于生产组织、生产品种、生产工艺、使用装备的不同，其企业内部有计划、有系统的质量保证活动也会有很大差别。但化工生产有以下三方面共有的内部质量保证的关键：

①企业标准化。企业标准化就是以企业的生产管理活动的某些主要环节或全过程为对象，制订各种标准(其中以产品质量标准为核心)作为企业的法规，使企业内的各种活动保持协调和高度统一、高效率运转，以保证产品质量，提高企业经济效益。

②准确检测和计量。化工产品中原材料的质量检定、生产过程的控制和调节、成品的质量检验以及废物的排放等都离不开检测。检测数据是否可靠关系到生产

能否正常进行。这是化工企业质量保证的关键。

③现代化的质量管理。质量管理是企业全部管理职能的一个重要组成部分，必须建立完善的质量体系，对影响产品质量的各个环节进行控制，并不断开展质量保证活动。

2. 质量控制

质量控制致力于满足质量要求，适用于对组织任何质量的控制，除生产外，还包括设计、原料采购、服务、营销、人力资源配置等，其目的在于保证质量满足要求，为此要解决要求或标准是什么、如何实现、需要对哪些因素和环节进行控制等问题。质量控制是一个设定标准，根据质量要求测量结果，判断是否达到预期要求，对质量问题采取措施进行补救并防止再发生的过程。总之，质量控制是确保生产出来的产品满足要求的过程。

化工生产是流程式的生产，产品一般经过的设备和操作单元很多。生产过程的质量控制是指从原材料进厂到形成最终产品的整个过程对产品质量的控制，是产品质量形成的核心和关键的控制阶段，其质量职能是根据产品设计开发和工艺文件的规定以及生产质量控制计划的要求，对各种影响生产质量的因素实施控制，以确保生产出符合设计意图和规范质量并满足顾客要求的产品。生产过程质量控制的基本任务是：严格贯彻设计意图和执行技术标准，使产品达到质量标准；实施生产过程中各环节的质量控制，以确保过程质量水平；建立能够稳定地生产符合质量水平要求的产品的生产系统。

化工生产过程质量控制的主要环节包括以下九个方面：

(1)加强工艺管理，执行工艺规程或作业指导书的规定。

(2)加强预防，严格质量把关，获得并使用监视和测量装置，强化过程检验。

(3)坚持文明生产和均衡生产。

(4)应用统计技术，掌握质量动态，开展失效模式及影响分析，减轻已识别的风险。

(5)加强不合格品的控制。

(6)对特殊过程实施确认及建立产品标识和实施可追溯性过程的控制。

(7)综合运用质量控制方法，建立健全过程质量控制点。

(8)识别、验证、保护和维护供其使用或构成产品的一部分的顾客财产。规定并实施产品防护(包括标识、搬运、包装、贮存和保护)。

(9)生产过程质量成本数据的分析。

第三节　质量管理的基本工具及技术

质量管理有所谓"老七种工具"和"新七种工具"。

"老七种工具"是指检查表、分层法、因果图、排列图、直方图、散布图、控制图。"老七种工具"适用于数字数据的工具,即统计技术;"新七种工具"是指箭线图法、关联图、系统图法、KJ 法、矩阵图法、矩阵数据分析法、PDPC 法。"新七种工具"是用于非数字数据工具,即科学分析技术。

"老七种工具"偏重于统计分析,进行工序质量控制,而"新七种工具"偏重于思考分析过程,实际运用时,要"新"、"老"结合,相互补充、相辅相成。

一、"老七种工具"

1. 检查表

检查表又称统计分析表,它是利用统计表对数据进行整理和初步分析原因的一种工具,方法简单,实用有效。见表 7 -1。

表 7 -1　检查表

项　目	统　计	频　数	排　序
A	III	3	3
B	IIIIIIIIIIIII	13	1
C	II	2	4
D	IIIIIII	7	2
合计		25	

2. 分层法

分层法就是将收集到的数据按不同目的加以分类,将性质相同,在同一生产条件下收集的数据归存在一起，于是数据反映的事实暴露得更明显突出，便于找到问题原因。分层可以根据实际情况按多种方式进行，如按时间分、按操作人员分、按原材料分、按设备分、按不同检测手段分，等等。分层主要是为了分清责任，找出原因。数据分层法常与统计分析表结合使用。

3. 因果图

因果图又称特征因素图法，是分析各种质量问题原因的有效方法。在分析原因时，可从设备、操作人员、工艺方法、材料、环境等方面层层深挖原因，以线条箭头表示。于是图上呈现各种原因的分支线条，犹如树枝或鱼刺，故又称树枝图或鱼刺图，如图 7 –7 所示。这种方法充分发动员工动脑筋、查原因，集思广益，适合在 QC 小组中实行质量的民主管理。当所有可能的原因都找出来后，下一步就是要结合排列图等方法找出主要原因。

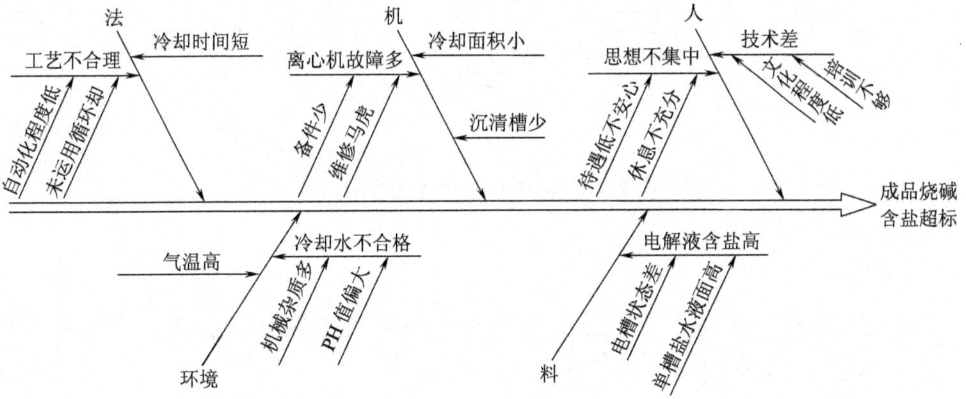

图 7 –7 因果图

4. 排列图

排列图也称帕累托图。它是建立在帕累托原理的基础上的。所谓帕累托原理，是指意大利经济学家帕累托在分析意大利社会财富分布时得到的“关键的少数和次要的多数”的结论。应用这一原理，就意味着在质量改进的项目中，少数的项目往往产生主要的、决定性的影响。通过区分最重要和最次要的项目，就可用最少的努力获得最大的改进。在工厂里，要解决的问题很多，但往往不知从哪里着手。事实上大部分的问题，只要能找出几个影响较大的原因，并加以处置和控制，就可以解决问题的80%以上。排列图是根据整理的数据，以不良原因、不良状况发生的现象，系统地加以(层别)分类，计算出各项目所产生的数据(如不良率、损失金额)以及所占的比例，再依据大小顺序排列，加上累积值的图形。它是把影响质量的因素排队，找出影响产品质量的主要问题的一种有效方法。排列图见图7-8。

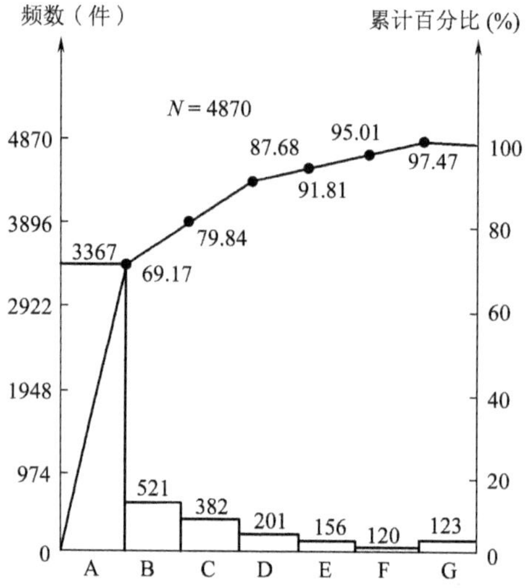

图7-8 某产品不合格项目排列图

5. 直方图

直方图又称柱状图，可将杂乱无章的资料，解析出其规律性。借助直方图，对于资料中心值或分布状况可一目了然。见图7-9。

在正常生产条件下计量的质量特性值的分布大多为正态分布，从中获得的数据的直方图为中间高、两边低、左右基本对称的正态型直方图。但在实际问题中还会出现另一些形状的直方图，分析出现这些图形的原因，便于采取对策，改进质量。

(1)正态形[图7-9(a)]。这是在生产正常情况下常常呈现的图形。

(2)偏态形[图7-9(b)]。这里有两种常见的形状：一种是峰值在左边，而右面的尾巴较长；另一种是峰值在右边，而左边的尾巴较长。造成这种形状的原因是多方面的，有时是剔除了不合格品后作的图形，也有的是质量特性值的单侧控制造成的。

(3)双峰型[图7-9(c)]。这种情况的出现往往是将两批不同原材料生产的产品混在一起，或将两个操作水平不同的工人生产的产品混在一起等造成的。

（4）孤岛型［图 7 -9（d）］。这种图形往往表示出现某种异常，譬如原材料发生了某种变化，生产过程发生了某种变化、有不熟练的工人替班等。

（5）平顶型［图 7 -9（e）］。这种情况往往是由于生产过程中有某种缓慢变化的因素造成的，譬如刀具的磨损等。

（6）锯齿型［图 7 -9（f）］。这个图形的出现可能是由于测量方法不当，或者是量具的精度较差引起的，也可能是分组不当引起的。

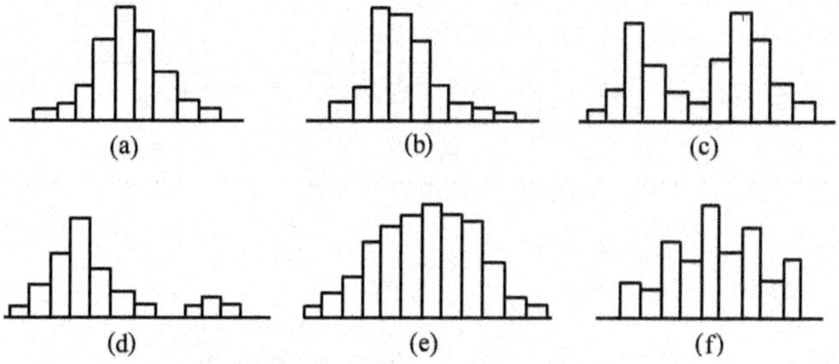

图 7 -9　常见的直方图形态

绘制直方图的步骤：现以氯处理工序氯气经处理后的纯度为例来说明。

第一步，收集数据 100 个，并找出最大值（用 L_a 表示）和最小值（用 S_m 表示）。L_a =94.8%，S_m =90.0%，如表 7 -2 所列。

表 7 -2　Cl_2 纯度（%）

90.0	90.5	90.8	91.0	91.1	91.2	91.3	91.3	91.3	91.4
94.5	94.7	94.8	91.5	91.5	91.6	91.6	91.7	91.7	91.7
91.8	91.8	91.8	91.8	91.6	91.6	91.6	91.9	91.9	91.5
91.5	92.0	92.0	92.0	92.0	92.1	92.1	92.1	92.2	92.0
92.2	92.2	92.2	92.4	92.4	92.3	92.3	92.3	92.3	92.3
92.1	92.1	92.0	92.1	92.2	92.2	93.7	93.7	93.0	92.5
92.5	92.5	92.5	92.6	92.7	92.7	92.7	92.7	92.7	92.5
92.8	92.8	92.9	92.9	92.8	92.7	92.7	92.7	92.6	92.5
93.1	93.2	93.3	93.4	93.4	93.3	93.2	93.1	93.0	93.0
93.7	93.6	93.5	93.6	93.5	94.2	94.1	94.3	94.4	94.0

第二步，确定数据分布范围，求其最大值与最小值之差，此差值叫极差 R，即 $R=94.8\%-90.0\%=4.8\%$。

第三步，将取得的数据分组，一般可按经验数据确定组数(k)。把 100 个数据分成 10 组，如表 7－3 所示。

表 7－3 组数划分经验数值

数据个数	适当的分组数 k	一般使用的组数
50～100	6～7	10
100～250	7～12	10
250 以上	10～20	10

第四步，计算组距(h)。

$$组距(h)=\frac{数据中最大值-数据中最小值}{组数}=\frac{4.8}{10}\approx 0.5$$

第五步，确定各组的组界，首先计算第一组的上、下界限值，一般用下述公式确定：

第一组下界为：$S_m-\frac{h}{2}$

第一组上界为：$S_m+\frac{h}{2}$

然后确定第二组的上、下界限值，第二组的下界限值是第一组的上界限值，加上组距 h 即为第二组的上界限值，依次确定各组的界限。

本例第一组下界限为 90.0－0.05＝89.95，上界限为 89.95＋0.5＝90.45；第二组的下界限为第一组的上界限 90.45，第二组上界限为 90.45＋0.5＝90.95，以此类推。

第六步，求组中值：

$$组中值=\frac{组上界限+组下界限}{2}$$

第七步，统计落入各组的频数，如表 7－4 所示。

表 7－4　频数统计

组号	组　界	组中值	统计频数	频数 f_i	组位 u_i	f_iu_i	$f_iu_i^2$
1	89.95 ~90.45	90.2	一	1	－4	－4	16
2	90.45 ~90.95	90.7	T	2	－3	－6	18
3	90.95 ~91.45	91.2	正T	7	－2	－14	28
4	91.45 ~91.95	91.7	正正正下	18	－1	－18	18
5	91.95 ~92.45	92.2	正正正正正	25	0	0	0
6	92.45 ~92.95	92.7	正正正正一	21	1	21	21
7	92.95 ~93.45	93.2	正正一	11	2	22	44
8	93.45 ~93.95	93.7	正T	7	3	21	63
9	93.95 ~94.45	94.2	正	5	4	20	80
10	94.45 ~94.95	94.7	下	3	5	15	75
Σ				100		57	363

第八步，以纵坐标为频率，横坐标为组距，画直方图，见图7－10。

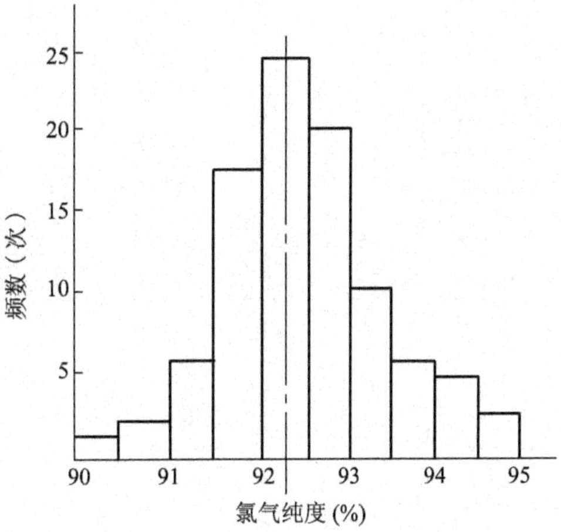

图 7－10　氯气纯度直方图

6. 散布图

散布图又称相关图，是将两个可能相关的变量数据用点画在坐标图上，通过观察分析、判断两个变量之间的相关关系。例如漂粉精的有效氯含量与贮存时间之间的关系，某种元素在材料中的含量与材料强度的关系等。这种关系很难用精确的公式或函数表示，但用相关图来分析就很方便，表 7－5 表示六种典型的相关关系。

表 7－5　散布图的典型形式与说明

图　　形	x 与 y 的关系	说　　明
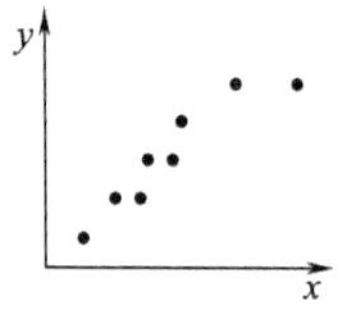	强正相关 x 变化大时，y 变化也大	x、y 之间可以用直线表示。对此，一般控制住 x，y 也得到相应的控制
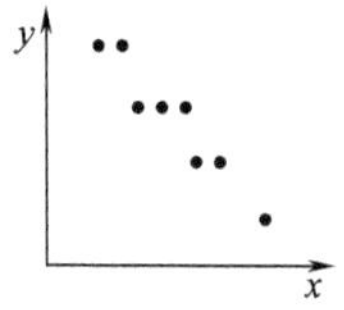	强负相关 x 变化大时，y 变化小；x 变化小时，y 变化大	
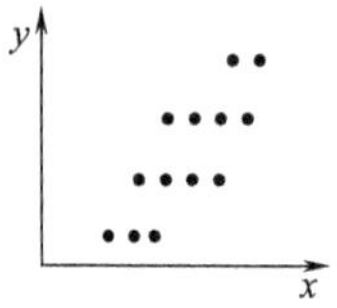	弱正相关 x 变化大时，y 变化也大	除 x 因素影响 y 外，还要考虑其他的因素（一般可进行分层处理，寻找 x 以外的因素）
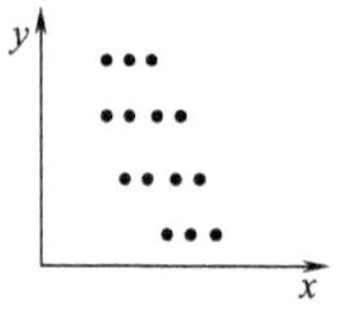	弱负相关 x 变化大时，y 变化小	
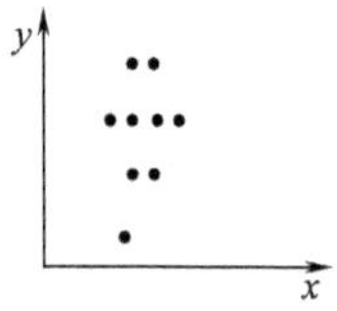	不相关 x 与 y 无任何关系	—
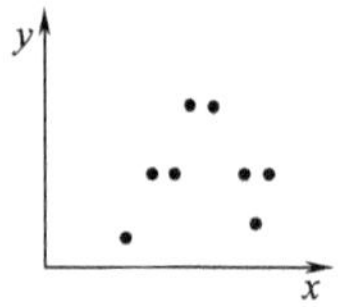	x 与 y 不是线性关系	

7. 控制图

控制图又称管理图，应用控制图可以对工序过程状态进行分析、预测、判断、监控和改进，实现预防为主的过程质量管理。

(1)控制图的原理。控制图的横坐标通常表示按时间顺序抽样的样本编号，纵坐标表示质量特性值或其统计量(如样本平均值等)。控制图上标有中心线和控制上、下限，控制界限是判断工序过程状态的差别标准。一般说来，控制界限不应超出规定的界限。

控制界限一般根据“3σ”原理来确定。例如中心线 $CL=\mu$，则

$$UCL=\mu+3\sigma$$
$$LCL=\mu-3\sigma$$

如工序质量特性值或其统计量服从(或近似服从)正态分布，且工序处于受控制状态，工序能力也充足，则根据正态分布原理可知，按时间顺序抽样的观测数据点散布在控制界限内的概率约为 99.73%，在控制界限外的概率约为 0.27%。并且，这些观测数据点在控制图上的散布关于纵轴方向应是独立随机的，其密度应符合 $X\sim N(\mu,\sigma^2)$ 的统计规则。在生产过程中，一旦发现观测数据点越出控制界限或在控制界限内的散布相互不随机独立，不符合 $X\sim N(\mu,\sigma^2)$ 的统计规律，那么根据统计推断的原理，应当怀疑生产过程已受到系统性质量因素的干扰，即生产过程可能已处于失控状态。利用控制图对生产过程质量状态进行统计推断的基本原理见图 7-11，按“3σ”原理，其中 $\alpha=0.0027$，$\frac{\alpha}{2}=0.00135$。

但是，利用控制图对生产过程质量状态进行统计推断也可能犯错误。当生产过程处于受控状态，工序能力充足，质量特性值或其统计量服从正态分布时，虽然观测数据点落在控制界限外的概率只有 0.27%，但由于样本的随机性，仍有可能会发生。当 0.27% 的小概率事件真的发生时，将会导致“生产过程失控”的错误判断。称这一类因虚发信号而造成的错误判断为控制图的第一类错误。与此相反，当系统性质量因素影响生产过程而使工序质量失控时，由于样本的随机性，仍会有一定比例的观测数据点落在控制界限内。当这种情况发生时，将会导致“生产过程正常”的错误判断。称这一类错误为控制图的第二类错误。控制图的第一类错误概率用 α 表示，控制图的第二类错误概率用 β 表示，见图 7-11。控制图的两类错误都将造成生产

过程的混乱和经济损失。显然,1 $-\beta$ 是过程失控得到正确判别的概率,一般称之为检出力。改变控制界限可以改变两类错误的概率,但此消彼长,无法完全避免,也无法同时减少。

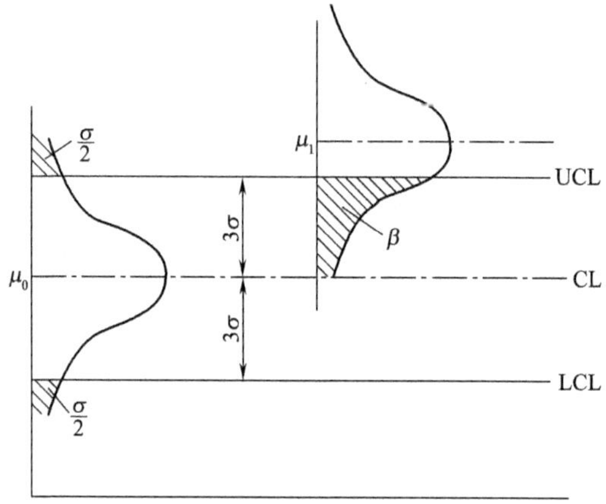

图 7 -11　控制图的两类错误

(2)控制图的作用:

①应用于质量诊断,可以用来测量过程的稳定性,即过程是否处于受控状态。

②应用于质量控制,可以用来确定什么时候需要对过程进行调整,什么时候需要使过程保持相应的稳定状态。

③应用于质量改进,可以用来确认某过程是否得到了改进以及改进到何种程度。

(3)控制图的分类。控制图的种类很多,一般常按质量特性值或其统计量的观测数据的性质分成计量值控制图和计数值控制图两大类。

在控制图的实际应用中,常将表现数据集中程度的控制图和分散程度的控制图联合使用。两图连用后,检出力得到加强。最常见用的控制图为平均值——极差控制图。常用的控制图见表 7 -6 所示。

(4)控制图的作图步骤:

①搜集数据 $n=100$ 个,且这些数据是近期在技术状态上最好的并且能够与今后的质量保证要求一致的数据,目的是以此确定供控制图用的控制界限和中心线。

②将数据按照测定的时间顺序排列。

表 7-6 控制图种类及适用场合

类别	名称	控制图符号	中心线	上、下控制限	特点	适用场合
计量值控制图	平均值—极差控制图	$\bar{x}-R$	$\bar{\bar{x}}$ $\bar{R}$	$\bar{\bar{x}} \pm A_2\bar{R}$ $D_4\bar{R}, D_3\bar{R}$	最常用，判断工序是否正常。效果好，但计算工作量大	适用于产品量较大的工序
	中位数—极差控制图	$\tilde{x}-R$	$\bar{\tilde{x}}$ $\bar{R}$	$\bar{\tilde{x}} \pm m_3A_2R$ $D_4\bar{R}, D_3\bar{R}$	计算简便，但效果较差	适用于产品批量较大的工序
	单值—移动极差控制图	$X-R_s$	$\bar{x}$ $\bar{R}_s$	$\bar{x} \pm 2.66\bar{R}_s$ $3.27\bar{R}_s, 0$	简单省事，并能及时判断工序是否处于稳定状态，缺点是不易发现工序分布中心的变化	因各种原因（时间、费用等）每次只能得到一个数据或希望尽快发现并消除异常因素
计数值控制图	不合格品数控制图	np	$\bar{d}=\bar{n}\ \bar{p}$	$\bar{d} \pm 3\sqrt{\bar{d}(1-\bar{p})}$	较常用，计算简单，操作工人易于理解	样本大小相等
	不合格品率控制图	p	$\bar{p}$	$\bar{p} \pm 3\sqrt{\dfrac{\bar{p}(1-\bar{p})}{\bar{n}}}$	计算量大，控制线凹凸不平	样本大小可以不等
	缺陷数控制图	C	$\bar{C}$	$\bar{C} \pm 3\sqrt{\bar{C}}$	较常用，计算简单，操作工人易于理解	样本大小相等
	单位缺陷数控制图	u	$\bar{u}$	$\bar{u} \pm 3\sqrt{\dfrac{\bar{u}}{\bar{n}}}$	计算量大，控制线凹凸不平	样本大小可以不等

③将数据进行分组。一般将数据分为 $k=20\sim25$ 个组，每组含 $n=2\sim6$ 个数据。分组时尽量使同一组内的数据，来源于相同的生产条件，以保证组内数据只存在正常原因的影响，而将异常原因的影响反映在组间的差异上。

④填制数据表。将数据填入一张便于计算各组平均值（$\bar{x}$）与极差（R）的数据表中。

⑤计算平均值 $\bar{x}$ 与极差（R）的数据表中。各组平均值计算公式：

$$\bar{x} = \frac{x_1 + x_2 + \cdots + x_n}{n} = \frac{\sum x_i}{n}$$

计算数据应比原始数据值多一位小数。

⑥计算极差 R。各组极差计算公式：

$$R = x_{max} - x_{min}$$

极差值表明组内的分散程度大小。

⑦计算总平均值 x。计算公式：

$$x = \frac{\bar{x}_1 + \bar{x}_2 + \cdots + \bar{x}_n}{k} = \frac{\sum \bar{x}_i}{k}$$

⑧计算极差平均值 $\bar{R}$。计算公式：

$$\bar{R} = \frac{R_1 + R_2 + \cdots + R_k}{k} = \frac{\sum R_i}{k}$$

$\bar{X}$ 与 $\bar{R}$ 计算数值应比原始数据多一位小数。

⑨控制界限值计算。

$\bar{x}$ 控制线：

中心线：$CL = \bar{x}$

上控制界限：$UCL = \bar{x} + A_2\bar{R}$

下控制界限：$LCL = \bar{x} - A_2\bar{R}$

R 控制线：

中心线：$CL = \bar{R}$

上控制界限：$UCL = D_4\bar{R}$

下控制界限：$LCL = D_3\bar{R}$

A_2、D_3、D_4 值取决于样本内的样品数目系数，见表 7 -7。

表 7 -7 控制图用系数

n	A_2	D_3	D_4	n	A_2	D_3	D_4
2	1.880	—	3.267	7	0.419	0.076	1.924
3	1.023	—	2.575	8	0.373	0.136	1.864
4	0.729	—	2.282	9	0.337	0.184	1.816
5	0.577	—	2.115	10	0.308	0.223	1.777
6	0.483	—	2.004				

(5)控制图的观察分析。控制图能反映工序是否处于受控状态(即稳定状态)。工序处于受控状态的典型表现是同时符合两方面的要求：样本点全部处在控制界限

内;样本点在控制界限内,排列无异常。原则上,如不符合任何一方面的要求,就表示工序已处于失控状态。

样本点异常排列是指样本点的分布显示出非随机独立的现象,具体分为四种情况。

①有多个样本点连续出现在中心线一侧。将连续出现的样本点用折线相连构成链,链的长度表示在链上样本点的个数。在中心线一侧出现 5 点链时应注意工序的发展,出现 6 点链时应开始作原因调查,出现 7 点链时就可判断生产过程已失控。此外,当出现至少有 10 个样本点位于中心线同侧的 11 点链,至少有 12 个样本点位于中心线同侧的 14 点链,至少有 14 个样本点位于中心线同侧的 17 点链,以及至少有 16 个样本点位于中心线同侧的 20 点链等情况时,也可判断生产过程失控。

②出现连续上升或下降的 8 点链。

③有多个样本点接近控制界限。上、下控制界限内侧一个"σ"的范围称为警戒区。如 3 点链中至少有 2 点落在警戒内,7 点链中至少有 3 点落在警戒区内,10 点链中至少有 4 点落在警戒区内,则可判断生产过程失控。

④样本点散布出现四种趋势或规律:周期性变化、分布水平突变、分布水平渐变、离散度变大。

上述现象产生的原因可能是复杂的、多样的,但都表示生产过程已出现系统性因素的干扰,工序质量失控,必须查明原因,采取措施,恢复受控状态。

以下举例说明 $\bar{x}$—R 控制图的运用。

【例】某环境监测站例行监测河水中的汞含量。为了评价监测结果的质量,每周定期地从中心站获得一个质量控制样品,并穿插在被测水样中测定。质量控制样品观察结果,如表 7 -8 所示。试问该监测过程是否处于质量控制中?

表 7 -8　河水中汞含量的质量控制样品观测结果数据

周序	控制样品实际浓度(μg/L)	检出浓度(μg/L)	每组观测值的极差 R	观测值与实际值之差 x	周序	控制样品实际浓度(μg/L)	检出浓度(μg/L)	每组观测值的极差 R	观测值与实际值之差 x
1	10.3	10.4 10.3 10.2	0.2	0.2	2	11	11.2 10.8 11.3	0.5	0.1

续表

周序	控制样品实际浓度（μg/L）	检出浓度（μg/L）	每组观测值的极差 R	观测值与实际值之差 x	周序	控制样品实际浓度（μg/L）	检出浓度（μg/L）	每组观测值的极差 R	观测值与实际值之差 x
3	9.9	10.0 10.1 10.2	0.2	0.2	10	9.5	10.0 10.1 9.8	0.3	0.5
4	10.0	9.9 9.8 10.0	0.2	−0.1	11	9.0	9.7 9.6 9.6	0.1	0.6
5	10.2	10.3 10.4 10.2	0.2	0.1	12	10.0	10.2 9.9 10.1	0.3	0.06
6	10.1	10.1 10.1 10.2	0.2	0	13	10.5	10.4 10.6 10.7	0.3	0.06
7	10.5	10.3 10.3 10.4	0.1	−0.17	14	11.0	11.2 11.0 10.8	0.4	0
8	11.5	11.3 11.5 11.4	0.2	−0.1	15	10.5	10.6 10.7 10.3	0.4	0.03
9	9.9	10.3 10.0 10.3	0.3	0.3	16	10.0	10.2 10.1 9.8	0.4	0.03

中心线：

$$\overline{x}=\frac{\sum x_i}{16}=\frac{1.63}{16}=0.102(\mu g/L)$$

3σ 控制限：

$$\overline{x}\pm A_2R$$

其中：

$$\overline{R}=\frac{\sum R}{16}=\frac{4.3}{16}=0.269(\mu g/L)$$

从表中查出 $A_2=1.023$，将 A_2 和 R 值代入上式，算出 3σ 上控制限为 0.376（μg/L），下控制限为 −0.174（μg/L）。为了作图方便，将小数点后三位舍为二位。图 7−12 为河水汞含量的质量控制样品观测结果坐标图。

从图显示，从第 9 周开始到第 11 周的数据呈上升趋势，并在第 10 周、第 11 周超过上控制限，应找出原因。

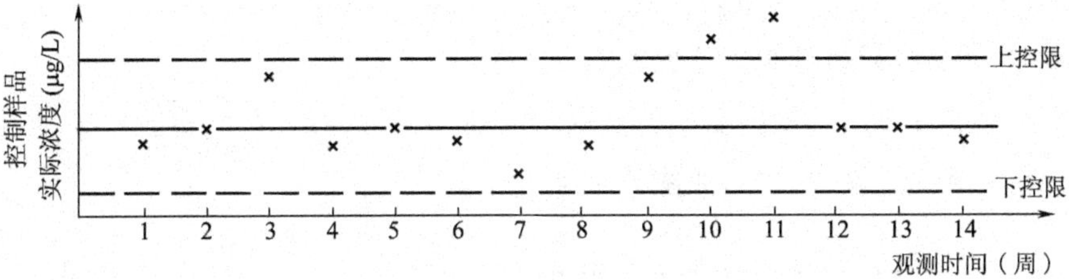

图 7 – 12　河水中汞含量的质量控制样品观测结果坐标图

二、“新七种工具”

1. 箭线图法

箭线图法又称矢线图法，是网络图在质量管理中的应用。过去普遍使用的甘特图（Gantt Chart），对于描述粗略的计划或简单的作业确实可行，但它不能把各个作业之间的从属关系表示出来。箭线图就是为此修补而设计改进的方法，它利用了在计划评审法（PERT）和关键路径法（CRM）中使用的网络图。箭线图法是制订某项质量工作的最佳日程计划和有效地进行进度管理的一种方法，特别是运用于工序繁多、复杂、衔接紧密的一次性生产项目上时效果尤为明显。通过网络图，可进行时间优化、时间费用优化、时间资源优化。

2. 关联图法

关联图法是指用一系列的箭线来表示影响某一质量问题的各种因素之间的因果关系的连线图。对于由复杂因素构成的问题，可以明确其原因—结果、目的—手段的关系，找到恰当的解决对策。

通常，在绘制关联图时，将问题与原因用“○”表示，其中要达到的目标和重点项目应重点圈起，箭头表示因果关系，箭头指向结果，其基本图形如图 7 – 13 所示。

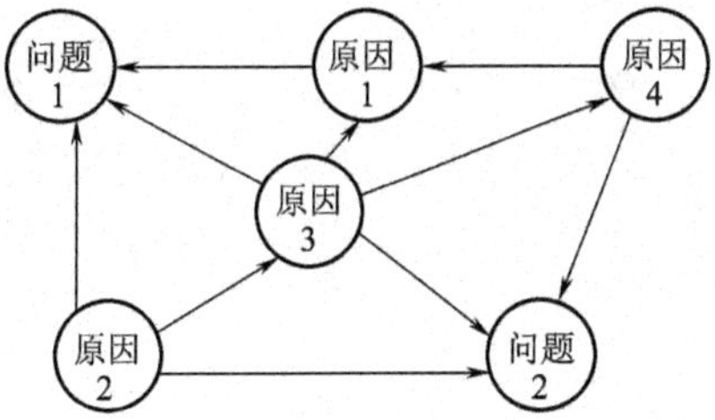

图 7 – 13　关联图

3. 系统图

系统图是为了达到某种目的，从系统上

寻求最佳手段的一种方法，使用的是树形图或框图，它将价值工程中的功能分析所用的功能系统图的想法和手段应用到质量管理中的各种问题上来。系统图法可以系统地掌握问题，寻找到实现目的的最佳手段。

系统图的具体做法是将要达到目的所需要的手段逐级深入，即上一水平手段对于下一水平手段来说是目的，如图 7 –14 所示。

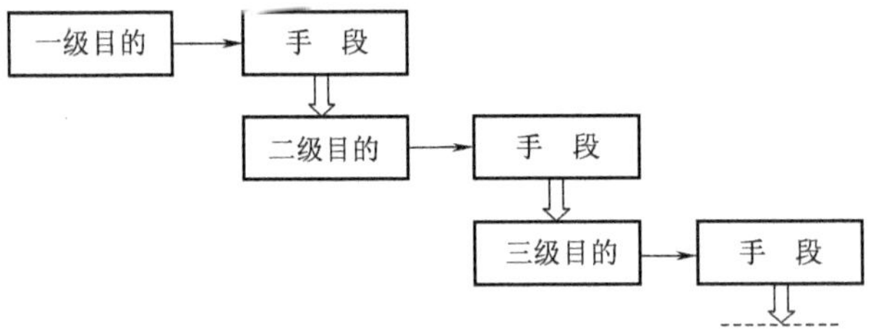

图 7 –14　系统图

4. KJ 法

KJ 法又称亲和图法或 A 型图解法，由日本专家川喜田二郎(Kawakita Jiro)创造，KJ 是其名字英文字首字母缩写。KJ 法针对某一问题广泛收集各种经验知识、想法和意见等语言、文字资料，通过 A 型图解汇总，并按照资料近似程度、内在联系进行分类整理，抓住事物的本质，找出结论性的解决办法。这种方法是开拓思路、集中集体智慧的好办法，尤其针对未来和未知的问题可以进行不受限制的预见、构思、对质量管理方针计划的制订、新产品新工艺的开发决策和质量保证都有积极的意义。A 型图解的绘制步骤:

(1)确定课题，根据客观事实，开始收集各种语言文字资料。

(2)将语言资料制成卡片，尽量使用生动具体的语言表示，并综合整理卡片，将内容相似的编成一组。

(3)卡片整理好后制图，按整体结构用易于理解的 A 型图解来表示。

(4)开始使用，通过大家讨论，反复观察，专题发言，通过不断讨论，达到使用目的。

5. 矩阵图法

矩阵图法是运用二维、三维或更多维的矩阵表格，通过多元因素分析找出问题和造成问题的原因。在二维矩阵图中，从造成问题的因素中找出成对的因素 $R(R_1,R_2,R_3,\cdots,R_n)$ 和 $L(L_1,L_2,L_3,\cdots,L_n)$ 形成一列一行因素，在列 R_i 和行 L_i 的交点上表示各因素的关联程度，从二元配置当中探索问题的所在和问题的形态，从二元的关系当中得到解决问题的线索，从而找出解决问题的着眼点。在矩阵图法中，按矩阵图的形式可以将其分为 L 型、T 型、X 型、Y 型、C 型五种。应用时首先确定待解决问题并确定因素组及有关因素，再绘制矩阵，分析因素间的相互关联程度，最后写出分析报告，并制订措施计划加以实施。矩阵图的基本形式如图 7－15 所示。

因素		R						
		R_1	R_2	R_3	…	R_i	…	R_n
L	L_1							
	L_2							
	L_3							
	…					○		
	L_i							
	…						着眼点	
	L_n							

图 7－15　二维矩阵图

矩阵图主要运用于寻找改进老产品的着眼点和研制新产品、开发市场的战略；系统核实产品的质量与各项操作的关系，对工作质量进行全面管理；了解市场与产品的关联性分析，制订市场产品发展战略；明确一系列项目与相关技术之间的关系以及寻找产品质量问题的原因、确立质量保证体系的关键环节等质量管理工作。

6. 矩阵数据分析法

若矩阵图中各对应因素之间的关系能够定量表示时（即行列交点可以有数据），这就产生了矩阵数据分析法。矩阵数据分析法是对矩阵图的数据进行整理和分析的一种方法，它是新七种工具中唯一的数据分析法，本来是统计方法中的多变量分析法的一种。这种方法主要用于影响产品质量的多因素分析、复杂的质量评价，具体可用于复杂因素相互缠绕的工程分析，从大量数据中分析不良原因；从市场调查数据中掌握要求质量；官能特性的分类体系化等。

7. PDPC 法

PDPC 法（Process Decision Program Chart）或称为过程决策程序图法，是将运筹学中所运用的过程决策程序图应用于质量管理之中。PDPC 法是指在制订达到目标的实施计划时，加以全面分析，对于事态进展中可以设想的各种结果的问题，设想和制订相应的处置方案和应变措施，确定其达到最佳结果的方法。PDPC 法可以在一种预计方案中不可行或效率不高出现质量问题时采用第二、第三或其他计划方案，确保最佳效果。PDPC 法适用于制订质量管理的实施计划以及预测整个系统可能发生的重大问题并预先制订措施控制质量管理的全过程。

PDPC 法的特点是从全局整体上掌握系统情况，因而可做出全局性判断，可以按照时间先后掌握系统进展情况并密切监视系统进程的动向，找出“非理想状态”，可以及时补充修订计划措施。PDPC 法也可理解为遇到各种情况下的诸多控制性“预案”。

第四节 质量管理体系与 ISO 9000 族标准

一、质量管理体系的概念

质量管理体系是指在质量方面指挥和控制组织的管理体系，是组织若干管理体系中的一个组成部分。质量管理体系致力于建立质量方针和质量目标，并为实现质量方针和目标确定相关的过程、活动和资源，主要在质量方面帮助组织提供持续满足要求的产品，以满足顾客及其他相关方的需求。组织可通过质量管理体系来实施质量管理。质量管理的中心任务是建立、实施和保持一个有效的质量管理体系并持续改进其有效性。

国际标准化组织 ISO 将当前国际上流行的质量管理理念归纳总结出质量管理的八项原则，作为质量管理体系的理论基础。这八项原则体现了质量管理的基本规律，适用于组织的全部管理和所有类型的产品或组织，是建立质量管理体系的理论

基础。这八项原则具体为:

(1)以顾客为关注焦点。组织依存于其顾客,因此组织应当理解当前和未来的需求,满足顾客需求并争取超越顾客期望。

(2)领导作用。领导者确立组织统一的宗旨和方向,他们应当创造并保持使员工能充分参与实现组织目标的内部环境。

(3)全员参与。各级人员都是组织之本,只有他们的充分参与,才能使他们的才干为组织带来收益。

(4)过程方法。将活动和相关的资源作为过程进行管理,可以更高效地得到期望的结果。

(5)管理的系统方法。将相互关联的过程作为系统加以识别、理解和管理,有助于组织提高实现目标的有效性和效率。

(6)持续改进。持续改进总体业绩应当是组织的一个永恒目标。

(7)以事实为基础进行决策。有效决策是建立在数据和信息分析的基础上。

(8)与供方互利的关系。组织与供方是相互依存的,互利的关系可增强双方创造价值的能力。

ISO 9000 族标准的八项原则反映了全面质量管理的基本思想和原则,但并不能代表质量管理的最高水平。组织在达到 ISO 9000 族标准的要求之后,还需要持续地、不断地改进,不断进步并用更高的标准和要求来指导组织的工作。

二、ISO 9000 族标准的产生与发展

科技的发展使产品结构日趋复杂,其中相当一部分还具有高安全性、高可靠性和高价值的特征,如电站锅炉、核裂变装置、大型石化装置等。这时用户很难凭自己的能力和经验来判断产品的合格程度,如果使用了有缺陷的产品,可能会造成巨大的损失和伤害。于是在产品质量形成过程中加强管理和实施监督,建立相应的质量体系并实行第三方客观的认证制度就成为企业提高信誉、获取信任的客观要求。同时,国际贸易的迅速发展,产品超越国界必然带来了与之有直接关系的国际产品质量保证和产品责任问题,于是要求在产品质量方面具有共同的语言、统一的认识和共同遵守的规范。在这样的背景下,国际标准化组织(International Standard Organization)于 1979 年建立了质量保证技术委员会,专门研究国际质量保证领域内的标准化问题和负责制定质量体系的国际标准。经过多年的努力,在总结世界各国

质量管理和质量保证经验的基础上，于1986年6月15日正式颁布了ISO 8402《质量—术语》标准，于1987年3月正式公布了ISO 9000系列标准。它标志着质量体系走向规范化、系列化和程序化的世界高度。经验表明，采用ISO 9000系列标准是走向世界的通行证。

我国于1988年正式“等效采用”ISO 9000标准，1992年转为“同等采用”，1994年又及时按ISO 9000(1994年版)新标准修订国家标准。2000版ISO 9000族标准在2000年12月15日正式发布后，我国于2000年12月18日发布自2001年6月1日起实施等同采用上述标准。

ISO 9000族标准是推荐标准，不是强制执行标准。但由于各国政府的承认和高度关注，谁不执行谁就无法在国际市场站稳脚跟。在国际贸易、产品开发、技术转让、商检、认证、索赔、仲裁等方面，它成为国际公认的标准。在这种情况下，积极采用ISO 9000族标准就成为对世界级企业的基本要求。为此，了解ISO 9000族标准的组成和主要特征十分必要。

三、2000版ISO 9000族标准的组成与修订特征

ISO 9000族(ISO 9000 Family)标准是指由ISO/TC 176技术委员会所制定的标准(Standards)、指南(Guidelines)、技术报告(Technical Reports)和小册子(Brochure)。ISO 9000族现在有四个核心标准，除此之外的文件均为“附属物”，应用者可根据需要参考。ISO 9000族标准总体构成如图7-16所示。ISO 9000:2000、ISO 9001:2000及ISO 9004:2000标准的总体构成如图7-17～图7-19所示。

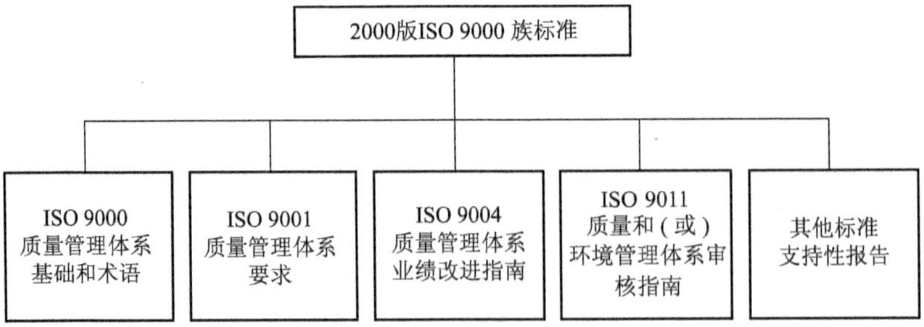

图7-16 2000版ISO 9000族标准总体构成

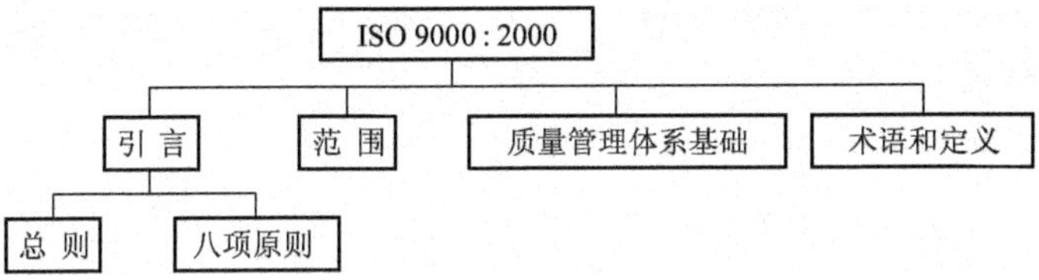

图 7－17 ISO 9000:2000 总体构成

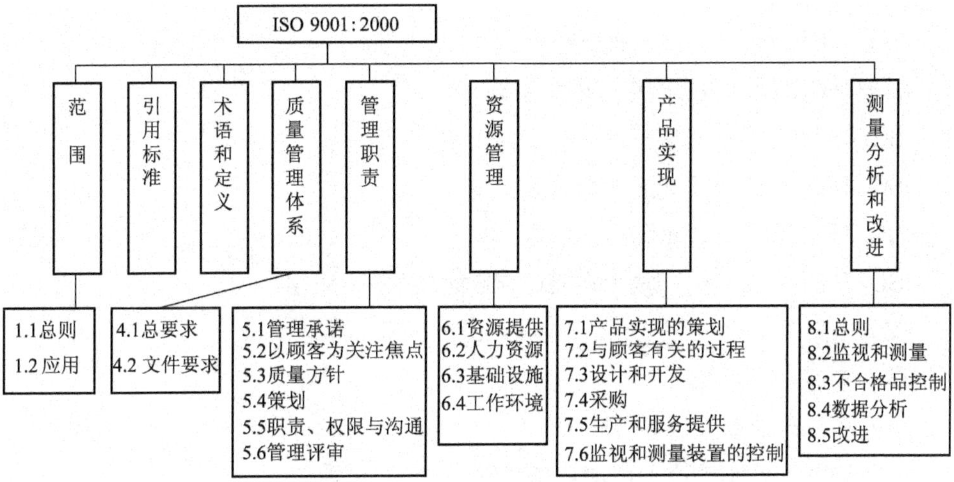

图 7－18 ISO 9001:2000 总体构成

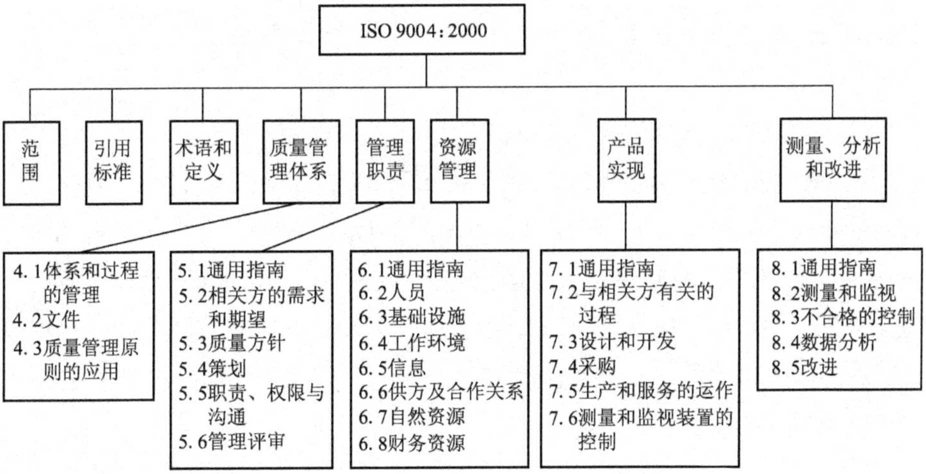

图 7－19 ISO 9004:2000 总体构成

1. 2000 版 ISO 9000 族标准的组成

(1)核心标准:

ISO 9000:2000 质量管理体系 基础术语

ISO 9001:2000 质量管理体系 要求

ISO 9004:2000 质量管理体系 业绩改进指南

ISO 19011:2002 质量和(或)环境管理体系审核指南

(2)技术报告:

ISO/TR 10006 项目管理指南

ISO/TR 10007 技术状态管理指南

ISO/TR 10013 质量管理体系文件指南

ISO/TR 10014 质量经济性管理指南

ISO/TR 10015 教育和培训指南

ISO/TR 10017 统计技术在 ISO 9001 中的应用指南

(3)小册子:

质量管理原则

选择和使用指南

ISO 9001 在小型企业中的应用指南

(4)技术规范:

ISO/TS 16949:2002 质量管理体系——汽车生产件及相关 维修零件组织应用 ISO 9001:2000 的特别要求

2. 2000 版 ISO 9000 族修订的主要特征

(1)总体结构更新,通俗易懂。2000 版 ISO 9000 族标准的总体结构仅有五项,修订后的新标准减少了四个核心标准、一个辅助标准以及若干个技术报告(TR),大大进行了简化,而且采用较通俗的语言,在其附录 A 中的 10 幅概念图,使相关术语的定义之间的关系更有系统性,同时,新标准 ISO 9001 和 ISO 9004 是一对协调的标准,便于对应,也便于一起使用,是引导企业不断改进业绩,通过质量改进向全面质量管理发展的标准。

(2)确定质量管理八项基本原则。为成功地领导和运作一个组织,需要采用一种系统和透明的方式进行管理。针对所有相关方的需求,实施并保持持续改进其业绩的管理体系，可使组织获得成功。质量管理是组织各项管理的内容之一。

2000 版 ISO 9000 族确定了质量管理八项基本原则，其具体内容前面也作了叙述。

（3）采用了过程方法，操作性强。ISO 9001：2000 采用过程模式，而 ISO 9001：1994则是按产品导向模式提出 20 个要素，提倡用过程方法来识别和建立体系，以及用过程方式对质量活动运行进行控制。过程方法不仅更符合系统管理规律，而且更符合 PDCA 改进循环，使质量管理体系总体的改进意识大为增强。

（4）强化了最高管理者对质量管理体系的作用和责任。2000 版 ISO 9000 族标准的八项质量管理原则中的第二项，就是“领导作用”。要求最高管理者对建立和改进质量管理体系做出承诺，并提供为此而开展活动的证据等，这些对最高管理者的要求更具体、更强化了。

（5）较全面地考虑所有相关方的利益。2000 版 ISO 9004 标准把与组织有关的各相关方的需要作为体系的输入，又把相关方的满意作为体系的输出，说明对相关方利益的关心。

“互利的供方关系”要求建立良好的合作伙伴关系，实现风险、利益共享。

（6）增强与环境管理等其他管理体系的相容性。2000 版 ISO 9000 族标准与 ISO 14000 系列标准都采用相同的文件化管理体系原理，都遵循 PDCA 的管理体系模式，两个管理体系的不少活动是相同或相似的。虽然对象不同，但方法基本一致。

（7）突出顾客满意和持续改进。2000 版 ISO 9001 标准要求，除了产品质量保证之外，还在于增强顾客满意，要求组织的最高管理者应以增强顾客满意度为目的，确保顾客的要求得到确定，并予以满足。

（8）明确了对体系、过程的测量要求。

（9）增强了对数据分析的要求。

（10）加强了资源管理。

（11）文件化程序强制要求弱化。新版标准对文件的强制要求大为减少，只对必须具有的六个程序外，其余的因为不同产品、不同组织对程序的需要差别很大，不宜统一得过多。

（12）允许删减。新版标准规定，对“产品实现”一章的内容，可以删减那些针对实际不存在的情况的要求。

四、ISO 9000 与 TQM 的关系

1. 一致性

从本质上讲，ISO 9000 与 TQM 有着共同的理论基础——质量管理学，因此两者有着一致性：

（1）遵循的原理是相同的。在全面质量管理理论中，描述产品质量的产生、形成和实现运动的规律是“朱兰质量螺旋形上升曲线”。而 ISO 9000 族标准中明确提出“质量体系建立所依据的原理是质量环”。质量环实际上就是以朱兰质量螺旋形上升曲线为依据，原理是相同的。

（2）基本要求是一致的。全面质量管理的基本特征“全过程、全面质量、全员参加、全面综合运用各种方法”在 ISO 9000 中同样被贯彻。

（3）指导思想是相同的。TQM 与 ISO 9000 都同样贯彻以下思想：系统管理、为用户服务、预防为主、过程控制、质量与经济相统一、用事实与数据说话，等等。

2. 不同之处

TQM 与 ISO 9000 在理论上是一致的，在采用方法上是相通的，在具体做法上也是相近的。但两者之间仍存在一些不同：

（1）ISO 9000 与 TQM 都指全过程控制，但 ISO 9000 强调文件化，而 TQM 更重视方法和工具。可以说，ISO 9000 告诉人们必须“做到”什么，TQM 则更强调“怎么去做”。

（2）ISO 9000 是通用的标准化的程序，而 TQM 没有规范化。

（3）ISO 9000 可进行国际通用的认证，而 TQM 不能。

尽管有上述细微的不同，TQM 与 ISO 9000 仍可以相互结合、相互促进。推行 ISO 9000 族标准可以促进全面质量管理的发展，使之规范化，同时 ISO 9000 族标准也从全面质量管理中吸取先进的管理思想和技术，不断完善族标准。

第八章

环境保护

环境是人类赖以生存和发展的物质基础。生产力的发展给人类带来了日益丰富的物质生活，与此同时环境问题也呈逐渐出现及恶化的趋势。人与环境的关系，主要是通过人类的生产和消费来进行的。人类与环境之间存在着物质、能量和信息的交换。人类的活动对环境产生影响，环境的变化反过来也影响人类活动。化工生产具有排放装置庞大、流程长、“三废”数量大、成分复杂的特点，因此防止环境污染，实现人类社会健康生存和可持续发展，对化工生产而言尤为重要。

第一节　人类生存环境及环境管理

一、人类面临环境问题

环境即周围的境况和条件，是相对于某一中心事物而言的，不同的中心事物有不同的环境。以人类为中心的环境，是指人类环境。人类环境可分为社会环境和自然环境，我们每一个人都在一定的社会环境和自然环境之中。但这里的人类环境主要指自然环境，即大气、水、土壤、生物、各种矿物资源等各种自然因素的总和。

人类和自然之间存在着息息相关的相互依存关系。在远古时代，人类的生存充分依赖于大自然的恩赐。随着人类社会的发展，人们生存能力的增强，人类开始抵御自然的危害，进而发展到控制自然和改造自然。到了现代社会，人类特有的聪明才智在改造自然的过程中得到充分的施展，使得人类的生活条件、经济发展、社会进步得到了根本性的改变。然而所有这些成就的取得，在很大程度上依赖于对自然资源的消耗与自然环境的利用。人类在对未来前景的不断追求、和在对自己创造的伟大文明的陶醉中，却不知不觉地对人类赖以生存的环境造成了破坏，而且随着人类社会工业的飞速发展，对自然环境的破坏和污染更日趋严重。正如恩格斯所言：“不要过分陶醉于人类对自然的胜利，对每一次这样的胜利，自然都对我们进行了报复”。

人类社会发展到今天，环境问题也经历了一个从轻到重、从局部到区域到全球的发展过程。

1. 人类早期的环境问题

人类从初期的完全依赖大自然的恩赐逐步转变到自觉地利用土地、生物、陆地水体和海洋等自然资源，这一阶段的人类活动对环境的影响还是局部的、轻微的。

2. 近代的大规模环境污染问题

在产业革命及第二次世界大战之后的30年间，开始出现大规模的环境污染。20世纪50~60年代成为污染最为严重的时期，震惊世界的八大公害事件也多发生在这一时期。

3. 当代环境问题

20世纪80年代，从1984年英国科学家发现、1985年美国科学家证实南极上空出现的“臭氧洞”开始，人类环境问题发展到当代环境问题阶段。当代环境问题的主要特征是：在全球范围内出现了不利于人类生存和发展的征兆，目前这些征兆集中在酸雨、臭氧层破坏和全球气候变暖三大全球性大气环境问题上。

二、当前世界面临的主要环境问题

1. 生态破坏和环境污染

当前全球范围内生态破坏的主要表现是：森林面积缩小、土壤侵蚀和退化、生物物种消失，以及由于环境污染引起的种种生态环境问题。全球每年约有1110万公顷的森林被毁。伴随着森林的砍伐，沙漠化和土壤侵蚀现象日趋严重，全球每年因沙漠化损失600多万公顷土地。全世界有30% ~80%的灌溉土地不同程度地受到盐碱化和水涝灾的危害，由于侵蚀而流失的土壤每年高达240亿吨。由于过度放牧和不适当的开垦，引起草场退化，发生土壤侵蚀、土壤盐渍化和沼泽化，并进一步荒漠化，也严重损害了草原动物的生存。目前地球上每天至少有一种物种灭绝，世界上濒临灭绝的物种越来越多，给生物圈和人类造成了无法弥补的损失。

目前，在全球范围内都不同程度地出现了环境污染问题，具有全球影响的方面有大气环境污染、海洋污染、城市环境问题等。

2. 全球性大气环境问题

近百年来，全球的平均地面气温呈明显上升趋势，而这种趋势与温室气体的增加具有高度的关联，引起温室气体的增加的主要原因是人类的活动。

臭氧处于同温层，除同其他气体共同产生温室效应外，它的主要作用是防止过量的紫外线直接到达地表，紫外线辐射强度的增高会导致人类患皮肤癌、白内障等疾病的发生率增高，大气臭氧层的损耗直接关系到生物圈的安危和人类的生存。

20 世纪 50 年代后期，酸雨首先在欧洲被察觉。进入 20 世纪 80 年代后，酸雨发生的频率增加、危害加大，并打破国界扩展到世界范围，欧洲、北美和东亚已成为世界上受酸雨危害严重的区域。酸雨腐蚀材料、损害森林，破坏水生和陆生生态环境，并造成农作物减产。

3. 其他全球性的环境问题

全球性的环境问题中较突出的有能源和资源、海洋污染问题、危险废物越境转移问题、城市环境问题、水资源危机、生物多样性丧失等。

一些无法取代的资源受到破坏或陷于枯竭。现代社会大量消耗的能源，主要是无法再生的化石燃料资源。

气候变异和植被破坏造成旱情频发，江河湖泊被严重污染，水资源被大量破坏。世界上约有 15 亿人口没有可靠的饮用水源。经预测，到 2025 年约有 30 亿人缺水。水资源的短缺和污染已经成为社会经济发展的严重制约因素。

全球水体污染物最终流入海洋，每年有几十亿吨污染物通过河流、大气或直接倾入海洋，引起近海赤潮的发生，使鱼类大量死亡。沿海的开发也严重毁坏了海洋生物的生存环境。

全球垃圾年增长速度高达 8. 42%，垃圾的泛滥占据了大量土地，而且污染了空气、土壤和地下水。

预计到 2050 年，世界人口将增至 100 亿，农业生产量必须增加 3 倍才能提供足够的粮食。然而，世界上的土地目前已差不多开垦殆尽，并且工业和城市还在拼命地和农业争地。由于地球生态环境的日益恶化，造成了某些生物物种的加速灭绝。

三、环境保护管理刻不容缓

由于生存环境的日益恶化，经济发展和生活质量受到严重影响。环境保护、环境与发展等问题引起了广大有识之士和各国政府的高度重视。1972 年 6 月 5 日，联合国在瑞典首都斯德哥尔摩召开了第一次人类环境会议，通过了《人类环境宣言》，明确指出“为当代和将来的世世代代，保护和改善人类环境，已经是人类的一个紧迫的目标”，并决定今后每年的 6 月 5 日为世界环境日。

环境问题产生的根据一方面是人类对自然资源的过度开发及不合理的利用，另一方面是人类在生产和生活中产生的废弃物及余能所造成的日积月累的环境污染。因此，环境问题既有人类文明发展的必然性，更有其技术进步及社会制度等问题。环境问题需要综合治理，环境管理是一项系统工程。

环境管理的一般含义是“运用经济、法律、技术、行政、教育等手段，限制人类损害环境质量的活动”。因此，需要研究社会经济发展、资源开发利用与环境保护之间的辩证规律，综合运用以行政和法律为主的各种手段，协调发展和环境的关系，处理国民经济各部门、各社会集团和个人有关环境保护方面的关系。通过计划、组织、指挥、引导、协调和控制，达到既保护人类环境，又促进社会经济、资源、科教和生态持续发展的目的。

四、我国环境保护管理体制

随着我国国民经济的高速发展，我国面临的环境问题日益突出，如城市空气污染严重，全国 500 多座城市中大气质量达到一级标准的不到 1%；河流、湖泊和地下水质均受到不同程度的污染，地表水污染普遍，特别是流经城市的河段有机污染较重；湖泊富营养化问题突出，如 2007 年夏，无锡市发生饮用水危机事件，直接原因就是太湖富营养化，蓝藻大面积暴发所致。全国七大河流 10 万公里河长被污染已占半数，35 个重点湖泊有 26% 的湖泊已达到富营养化，1/3 的水库受到不同程度的污染，1/3 的水体不适于鱼类生存，1/4 水体不适于灌溉；地下水受到点状或面状污染，水位下降，加剧了水资源的供需矛盾。目前，我国垃圾年产量约 1.5 亿吨，每年有 100 多亿吨工业、农业及生活污水直接排入海洋，造成近海环境污染不断加重，自然生态环境破坏加剧的趋势未得到有效控制。

我国是世界上受沙漠化危害严重的国家之一，每年沙漠化造成的直接经济损失超过 540 亿元，土地退化、沙化面积仍以 300 多平方公里的速度继续扩展。我国每年流失土壤50亿吨，毁掉耕地100多万亩。

由于种种原因，我国的环境保护管理，长期没有得到应有的重视，1973年第一次全国环境保护会议以后，我国的环境管理才开始形成和逐步发展。开始是以污染治理为中心，并逐渐转到以监督管理为中心。1983年第二次全国环境保护会议上，提出了以环境管理作为环境保护的中心环节，在第六个五年计划实施期间环境管理逐步走向成熟。1989年全国人大常委会颁布了《中华人民共和国环境保护法》，特别是在污染源控制、管理领域、管理方式上的转变，使我国环境管理上了一个台阶。1995年中共十四届五中全会提出科教兴国和可持续发展战略，“九五”期间颁布了《国务院关于环境保护若干问题的决定》。

在我国2010年远景目标中对于环境管理作出了明确规定，我国的环境管理进入了全面实施《中国环境保护21世纪议程》的新阶段。

1. 我国环境管理组织系统

1972年人类环境会议后，国家计委牵头成立了国务院环境保护领导小组筹备办公室，1974年12月国务院环境保护领导小组正式成立，各级地方政府比照中央政府的模式，也相继设立了地方环境保护机构。经过30多年的发展和完善，我国已形成以国家、省、市、县、乡五级环保行政管理机构为主体，以各行业和部门管理机构为辅的环境管理组织机构体系，见图8-1。

2. 我国的环境管理制度

我国的环境政策基础是三大体系：预防为主、防治结合；谁污染谁治理；强化环境管理。我国的环境管理制度框架包括以下八项基本制度：

（1）“三同时”制度，就是环境保护法规定的“建设项目中预防污染的设施，必须与主体工程同时设计、同时施工、同时投产使用”。

（2）环境影响评价制度，适用于对环境有影响的生产性、非生产性的开发项目。

（3）谁污染谁治理及排污收费制度。

（4）环境保护目标责任制。

（5）城市环境综合整治定量考核，定量考核五个方面（大气环境保护、水环境保护、噪声控制、固体废物处理、城市绿化）计20项指标。

（6）污染集中控制。

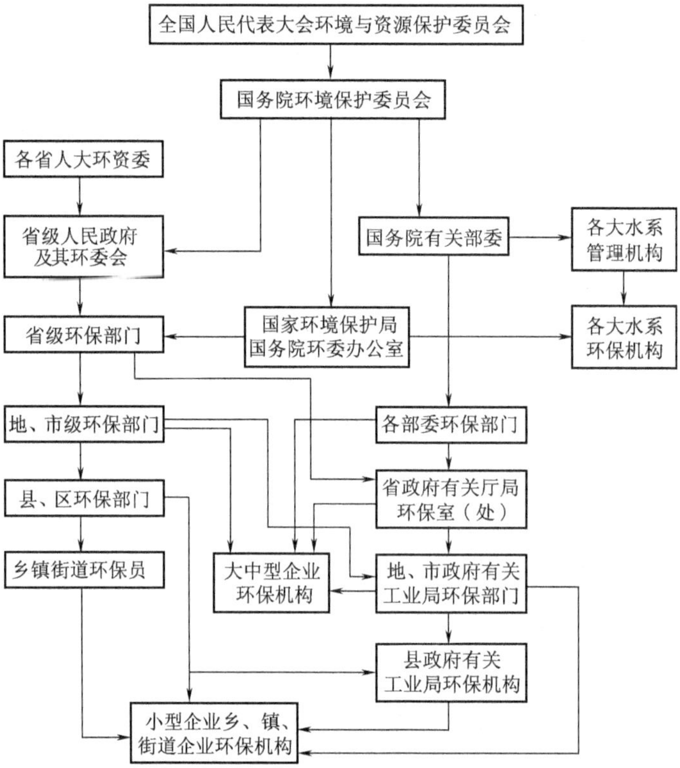

图 8－1　我国环境管理组织系统示意图

(7) 排污申报登记与排污许可证制度。

(8) 限期治理污染制度。

3. 我国的环境法律、法规和标准

环境保护法是国家整个法律体系的重要组成部分，且其自身具有一套比较完整的体系。

1993 年第八届全国人民代表大会在其常务委员会中增设了环境和资源保护委员会，主要从事环境法律的制定和监督实施，极大地推动了我国环境保护法制化的进程。我国环境保护法规体系见图 8－2。

我国的环境法包括以下五个子系统：

(1) 环境保护法律。由宪法、环境保护基本法和环境保护单项法组成。

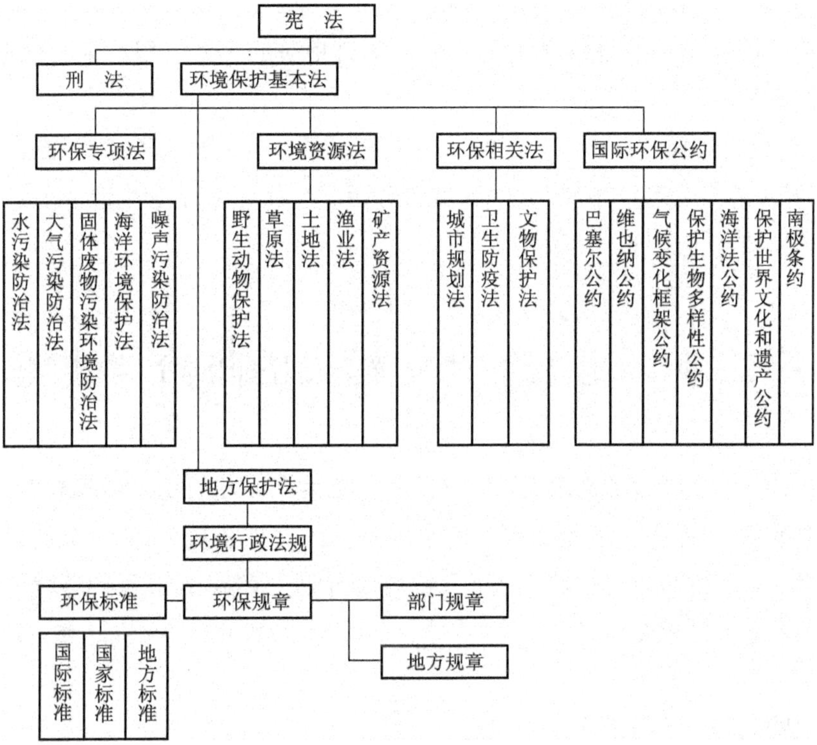

图8－2　我国环境保护法体系图

(2)环境保护行政法规与规章。

(3)地方环境法规与规章。

(4)环境标准。环境质量标准、污染物排放标准、环境基础标准、环境方法标准四类。目前,国家标准已超过300项。

(5)中国加入并签署的国际环境保护条约。目前,我国已加入并签署的有关环境保护国际条约已超过20项。

环境保护法除了具有法律的一般特征外,还有以下特点:

(1)科学性。环保法是以科学的生态规律与经济规律为依据的,它的体系原则、法律规范、管理制度都是从环境科学的成果和技术规范总结出来的。

(2)综合性。环保法所调整的社会关系十分复杂,涉及面广、综合性强。既有基本法,又有单行法;既有实体法,又有程序法;而且涉及行政法、经济法、劳动法、民法、刑法等有关内容。

（3）区域性。我国是一个大国，区域差别很大，因此，我国的环境保护法具有区域性特点。各省、市可以根据本地区的特点制订相应的地方法规和地方标准，体现地区间的差异。

（4）奖励与惩罚相结合。我国的环保法不仅要对违法者给予惩罚，而且还要对保护资源、环境有功者给予奖励，做到赏罚分明。这是我国环境法区别于其他国家法律的一大特点。

第二节　化工生产中污染的防治与处理

化工、冶金、造纸被称为三大污染行业。化工生产涉及的物料种类繁多，绝大多数是易燃易爆、有毒有害、腐蚀性等危险化学品。生产工艺复杂、条件苛刻，因此，化学工业污染环境的可能性和危害性远大于其他行业。消除污染、保护环境是化工生产管理必不可少的重要职能。

一、污染物的来源及污染途径

环境污染形成的原因很多，如工业布局不合理、开发不合理、砍伐森林、毁坏草原、乱捕野生动物以及大量使用农药、化肥等，都会破坏生态平衡，造成污染。就化工企业而言，“三废”（废水、废气、废渣）是化工企业主要环境污染物。其他如噪音、电磁波、强光都是常见的工业污染物。

1. 污染物的来源

化工生产中排出的污染物，随着化工产品的原料路线和生产工艺的不同而不同。总体上，化工污染物都是在生产过程中产生的，其主要来源如下：

（1）化学反应不完全。化工生产过程中，随着反应条件和原料纯度的不同，存在一个转化率的问题，一般的转化率只能达到70%～80%。因此，原料不可能全部转化为成品或半成品。余下的低浓度或成分不纯的物料，常作为废弃物排出而进入自然环境。例如，氯碱厂电解食盐溶液制取氯气、氢气和烧碱，只能利用食盐中的NaCl，其余占原料10%左右的杂质则被排入下水道。又如，硫酸厂制造硫酸时，最后一道工序是用硫酸吸收三氧化硫，吸收后的废气排入空气中，废气中既含有硫酸不吸收的二氧化硫，也含有未被完全吸收掉的三氧化硫及硫酸雾。

（2）化学反应的副产品。化工生产过程中，在进行主反应的同时，也常伴随一些副反应。这些副产品如不加以回收利用，当作废料排出就会污染环境。例如化肥厂用磷矿、焦炭、硅石制取黄磷时，则会有一氧化碳和硅酸钙等副产品以废气和废渣的形式排出。又如纯碱厂利用氯化镁和氢氧化钙反应制取氢氧化镁时，同时便有含氯化钙这种副产品的废水排出。

（3）燃烧的废气。化学工业是耗能最大的工业部门。因此，化工厂要消耗大量的燃料。这些燃料燃烧时，排出大量的废气，废气中含有粉尘、二氧化硫、氮氧化物、一氧化碳、碳氢化合物和恶臭气体等污染物，特别是氮氧化物与碳氢化合物混合后，在阳光作用下，会产生一种光化学烟雾，对环境危害极大。

（4）产品和中间产品。化工产品或中间产品在贮存运输过程中也会产生污染。在贮存运输过程中，产品或中间产品会出现各种各样的损耗，如化学药品、化工产品等因包装不严密，或因容器破损而流失、撒出，或因包装容器清洗水的排出等情况均会造成环境污染。另外，产品或中间产品在贮存过程中，有的内部还会继续发生化学变化，如钙镁磷肥在粉碎包装后，其内部各成分之间还会发生化学反应，产生含氟废气；有些产品易挥发，有些产品易潮解，也会造成对大气和地面的污染。

2. 污染环境的途径

化工污染物都是在生产过程中产生的，但其进入环境的途径则是多种多样的。主要有以下几个方面。

（1）工艺过程的排放。化工生产中，有些化学反应过程常需加入惰性气体、催化剂、水蒸气或溶剂等以利反应进行。这些不参加反应的物料，由于不能全部使用，因此常作为废料排出。例如催化剂再生过程中排出的含有金属催化剂的废渣或废水，过滤过程中排出的滤渣、滤液和助滤剂，吸收过程中排出的废吸收剂，蒸气蒸馏和气提时的排水，蒸发过程中蒸发器排出的洗罐水，水洗、碱洗和酸洗时排出的废液，以及硫酸生产中排出的炉渣等都是化工生产工艺过程中排放的污染物。

（2）设备、管路的泄漏。化工生产大都是在气相和液相条件下进行，物料大都使用管道输送，在生产和输送过程中，由于设备和管道不严密、密封不良、腐蚀严重或操作不当等原因，往往造成物料泄漏。尤其是运转设备和活动部件，更容易造成泄漏。总之，化学物料从设备和管道中泄漏出来因不易回收而造成环境污染。

(3)成品、副产品夹带。有些化工产品，如农药、多氯联苯以及合成洗涤剂等，本身就带有毒性，在其使用过程中会产生有害作用，将污染物夹带进入环境，它们虽不属于废弃物，但由于用量逐年增多，使其在环境中不断积累，从而产生危害。

化学反应的副产品中，有的没有回收利用的价值，就会当作废弃物而排掉，它们夹带着有害物质进入环境，造成污染。

(4)操作不当造成跑料。所谓跑料是指物流溢出系统进入环境的过程。

由于劳动纪律和工艺纪律执行不严，操作人员未按规程操作，造成跑料事故发生。例如烧碱蒸发工序因碱液面控制过高发生的跑碱事故。一旦跑料，化学品就进入自然环境，造成污染。

(5)工艺装置不合理造成跑料。由于工艺装置不合理造成跑料而污染环境。例如氯气输送工序应设置跑氯处理吸收塔，而少数工厂无此装置，当氯输送设备突然停车，就会导致大量氯气外溢，造成严重的空气污染。

二、主要化工污染物质和污染特点

1. 主要污染物质

污染物质分类有多种方法，按污染物所呈状态可分为三类，即废气、废水、废渣。

(1)废气。包括烟尘，黑烟，臭味气体(H_2S、NH_3、酚、硫醇)、刺激性气体(SO_2、HF、酸雾、碱雾)，有毒气体(CO、Cl_2、HCN、汞蒸气、铅蒸气、含镉或砷的粉尘)，放射性气体(Rn、U、Th 的粉尘)。

(2)废水(污水)。包括有机物(指标有 BOD 等)，无机物(指标有 PH、COD 等)，有毒物(氰化物、砷酚类及汞、镉、铅等重金属离子等)，悬浮物(浮上物质、浮上膜、胶体物质、沉淀物)，含热能废水，有色、臭味的污染物。

(3)废渣(固体废物)。包括矿冶废渣(浸出渣、煤矸石、粉煤灰、硫铁矿渣、电石渣等)、工业垃圾、生活垃圾。

2. 污染物的特点

化工生产排出的废弃物，对水和大气都会造成污染。而且化工厂一般多集中在水源较丰富的江、河、湖、海附近，生产中的废水大都就近排入水域，因此对水域的污染尤为严重。化工污染的特点可归纳为以下几个方面：

(1)毒性大，有刺激或腐蚀性。化工厂排出的废弃物中，有些是有毒或剧毒物质，如废水中所含的氰、酚、砷、汞、镉和铅、滴滴涕及无机酸、碱类等带有刺激性、腐蚀性的物质，这些物质大都对生物或微生物有毒性或剧毒性；废气中含有刺激性和腐蚀性气体很多，如二氧化硫、氮氧化物、氯气、氯化氢和氟化氢等，能直接损害人体健康，腐蚀金属、建筑物，污染土壤、森林、河流、湖泊等。

(2)种类多，危害大。化工生产排出的污染物种类繁多，除氰、酚、砷、汞、镉、铅、滴滴涕、二氧化硫、氮氧化物、氯、氟化氢等外，还有各种有机酸、醇、醛、酮、酯、醚和环氧化合物以及粉尘、烟气和酸雾等浮游粒子。这些污染物质对环境、对生物、对人体都有很大危害。污染物进入水体会增加水中酸、碱度，或大量消耗水中的溶解氧，或造成水域富营养化，使水体遭到破坏。酸、碱污染物进入土壤，会使土壤遭到破坏，植物生长受到影响。大气中的污染物浓度增加，还可能影响气候和气象的变化。

化工污染物质会使生物的繁殖受到影响，对植物生长造成危害，或使树叶枯斑、落叶，或者使植物的光合作用受到抑制，甚至使植物死亡；某些污染物会使动物骨质疏松、关节发硬、体质衰弱，或中毒、溃烂、甚至死亡。

化工污染物对人体的危害是很严重的，会直接损害人体的各个器官。会危害人的呼吸系统，如二氧化硫会引起肺水肿和肺硬化导致死亡；一氧化氮中毒将迅速导致肺部充血和水肿，甚至窒息死亡；浮游粒子可导致各种"尘肺"病等。会危害人的血液，如一氧化氮或硫化氢进入血液，会使人体中毒，甚至导致死亡。还会危害人的皮肤和五官以及人的骨骼、肠胃和神经。此外，某些污染物如二噁英还会使人致癌。

(3)污染后恢复困难。受化工污染物污染的水域，即使减少或停止污染物排出，要恢复到水域的原来状态，需要很长时间。特别是对于能被生物吸收的重金属污染物质，即使停止排放后也很难消除污染。被农药染污的土壤，恢复原来状态一般需数百年。

三、化工生产中环保管理的原则和方法

1. 管理原则

(1)预防为主，控制污染源。

(2)综合利用、治理为主。

(3)加强宣传、法治为主。

(4)转变治理观念，实行全过程的控制。

2. 基本方法

环境保护的方法很多，在化工企业生产中环境保护管理主要有两种方法，而且两种方法要结合使用。

(1)建立环境保护指标体系。建立指标体系，可以使环境保护工作走上正规化、系统化。它是其他环境保护方法的前提条件。环境保护需要建立的指标体系，主要有以下几种：

①主要污染物控制指标。包括主要污染物的名称、性质、日排放量、流失量等主要指标。

②主要污染物处理率指标。

$$\text{主要污染物处理率指标}=\frac{\text{主要污染物排出量}-\text{主要污染物排入量}}{\text{主要污染物排出量}}$$

③主要污染物排放合格率指标。

$$\text{主要污染物排放合格率}=\frac{\text{主要污染物排入环境量}-\text{不合格排放量}}{\text{主要污染物排入环境量}}$$

④文明生产、改善环境指标。主要包括每个工人占有的空间指标、照明指标、噪声指标、空气指标、绿化指标等。

⑤综合指标。主要先求出等标污染负荷，再用等标污染负荷与产值比，其比率可以反映每万元产值给环境造成的总危害。

$$\text{等标污染负荷}=\frac{\text{实测污染物浓度}}{\text{排放标准}}\times\text{主要污染物排入环境量}$$

(2)系统环境监测。企业环境监测是企业环境保护工作的眼睛。它可以为环境保护提供必要的依据，保证环境保护工作决策的科学性和正确性。通过环境监测，取得现场第一手资料。做好环境的系统监测，必须保证及时监测污染源，弄清污染物的性质、数量和分布变化等情况；及时监测环境污染的程度，对大气、水、土进行监测，尽量实现在线全天候监测；及时监测“三废”治理工作的进行情况，弄清生产装置和环保装置是否运行正常，处理结果是否符合规定标准。

四、污染防治措施

环境保护的重点必须从传统的“先污染、后治理”的末端治理转移到加强预防污染上来。加强从源头上对污染进行防治、实行清洁生产是实现可持续发展战略的重要举措。

1. 采用无污染或污染小的生产工艺

化工生产造成的污染往往随着原料和生产方法的不同而有很大差异。同样生产一种产品，用某种原料和工艺方法，可造成严重污染，而用另一种原料和生产工艺，则可减少甚至避免污染。因此，可以改变原料路线和采用无污染或污染小的生产工艺，广泛采用绿色化学原则，以减少或防止污染。

(1)用直接法代替间接法进行生产。一些基本有机原料以前都采用间接法生产，如用氯气、硫酸、硝酸、烧碱等化工原料参加反应，经过氯化、磺化、硝化、碱溶等工序得到所需产品。这种方法流程长，消耗的原料和辅助材料多。而采用直接法生产，则所需生产流程短，耗用原料和辅助材料少，产生的污染物质也较少。因此，采用直接法代替间接法生产可减少污染。例如生产环氧乙烷，间接法是先用乙烯与氯气和水进行反应生成氯乙醇，再与石灰乳反应生成环氧乙烷，每吨产品需排放8m^{3}石灰浆和含有机氧化物的废水；用乙烯直接氧化法生产，则每吨产品的废水减到5.7m^3，废水中虽仍含有有机氧化物、乙二醇、聚乙二醇等，但却避免了氯气、氯化氢和石灰浆的污染，而且处理污染物的方法也较简单。

(2)采用污染较少或无污染的新工艺。化工生产中造成严重污染的五大有害物质为氰、酚、汞，铬、砷。为避免这些物质的污染，目前不少企业尽量采用污染较少的新工艺。例如生产甲基丙烯酸甲酯(即有机玻璃的单体)，原先采用剧毒的氢氰酸做原料的丙酮氰醇法，目前改用丙烯、一氧化碳和甲醇合成法，避免了氰的污染。再如，苯乙酸是合成青霉素和医药、农药的重要中间体，原先主要用苯乙腈水解来制备，而苯乙腈则是由苄氯和氢氰酸反应合成的，现在利用苄氯羰化合成苯乙酸，避免了剧毒的氢氰酸的使用。又如，氯乙烯的生产，过去用乙炔与氯化氢在氯化汞催化剂作用下合成。目前则大量采用乙烯为原料的氧氯化法，避免了汞污染，也减少了氯化氢的污染。

2. 改革工艺流程

为避免或减少污染，改革流程是一个很重要的方面。例如，用吸收和解吸法代替冷冻法精制氯气。氯碱厂的液氯工段用冷冻法液化时，必须排出一部分含氯气的惰性气体,污染空气。若用吸收和解吸法代替冷冻法,则减少了污染。

改变流程减少副反应。例如,锦纶6(卡普隆)生产中要消耗大量的硫酸、三氧化硫、羟胺等,副产物为硫铵,生产一吨卡普隆副产硫铵4.5吨。因从废液中提取硫铵费用很高,往往被排入环境,造成水域污染。如改变制羟胺的流程,以硝铵、磷酸和氢为原料,形成磷酸——磷酸铵的缓冲溶液,消除了环己酮肟工段生成的硫铵,使副产的硫铵减少60%,同时也减少了二氧化硫和氮氧化物对环境的污染。

采用新型催化剂。例如,用丙烯氨氧化法制丙烯腈,常用磷钼酸铋催化剂,氨转化的选择性低于70%,且副产大量有剧毒的乙腈,用一种新型的不含放射性物质的催化剂后,氨转化的选择性可提高到87%,并使污染物大为减少。

3. 选择最佳工艺条件

化工生产所造成的污染,与生产流程和操作条件密切相关。因此,改革流程及改进工艺操作条件,使生产控制在最佳工艺条件下进行,也是避免和减少污染的一个重要方面,最佳工艺条件是指:适当的温度、压力、原材料配比、液面、浓度、流速等。一般,在最佳工艺条件下,物料的转化率较高,副反应会得到抑制废物产生减少,能源消耗较低。

4. 改革设备

改革设备,采用间接接触设备代替直接接触设备,可使污染物不与排水直接接触,或减少它们接触的机会,从而达到控制污染的目的。采用表面冷凝器代替大气冷凝器,如用直接水冷凝器来冷凝蒸汽喷射泵的排气及有机物蒸气,会产生大量有污染物质的废水。一个中等的蒸汽喷射泵,每分钟排出0.23~0.46m^3废水,其中含0.1%的有机物。若改用表面冷凝器,则含有有机物的废水每分钟仅排出0.0023~0.0046m^3,其中含2%~3%的有机物。

也可采用再沸器代替直接蒸汽汽提。用直接蒸汽进行汽提,会产生大量含有污染物质的废水。如用再沸器代替直接蒸汽汽提,则废水量少,便于回收。

还可用燃烧器代替洗涤器。洗涤器需用大量的水,如用文丘里洗涤器从流量为62.5吨/小时的氧气和二氧化碳气流中除去226.5kg的有机物质,不仅需用水41m^3,而且还要采取相应规模的生物处理措施。若改用燃烧器,由于不需要进行生物处理，可节约投资20%～60%。

5. 防止设备和管路泄漏

化工污染物有不少是由于泄漏进入环境的。例如氯碱厂的烧碱蒸发工序的碱损失率一般为2.5%，其中约有一半的碱损失是泄漏造成的，一个年产10万吨烧碱的氯碱厂其蒸发工序一年泄漏烧碱量（折百）约为1250吨。又如以液态烃为原料裂解制烯烃和高压聚乙烯的工厂，乙烯泄漏量即占全年产量的0.1%～0.6%，一年产23万吨乙烯的工厂，泄漏损失每日可达4.7吨。主要由浮顶罐、排水和泵、阀等处漏出。为减少因设备管道密闭不良造成物料跑、冒、滴、漏污染环境，应加强对设备和管道的管理，搞好定期检查维护保养，提高设备和管道的密闭性。

6. 尽可能地利用再生能源和清洁能源

化工企业是能耗大户，且易造成环境污染的石油、煤常作为大宗化工原料或大宗燃料。为了实现清洁生产的方式应尽量利用再生能源（如太阳能、风能）和清洁能源（如天然气），使自然资源和能源利用合理化，减少对环境污染。例如用天然气替代煤作为生产尿素，用富余的氢替代煤熬制固碱等。

7. 淘汰有毒有害产品

为了减少或避免污染，对某些污染严重的化工产品应禁止使用或限制生产，并积极研制污染小或无污染的其他产品来代替有毒产品。例如为提高汽油的辛烷值，防止汽油燃烧时在汽缸内发生爆震造成能量耗大，汽车、飞机使用的燃料油中都加有四乙基铅或四甲基铅、四乙基铅混合物等添加剂，使大、中、小城市由于机动车排气造成严重的铅污染。为了解决这个问题，炼油厂正逐年下降含铅汽油中的含铅量，同时，生产高辛烷值的无铅汽油。采取在汽油中添加乙醇的办法来减少四烷基铅的用量。塑料袋广泛的使用被认为是人们生活改善的标准之一，但过分稳定、水、氧、细菌、紫外线都不能使之分解成为一大难题，“白色污染”成为一个难堪的新名词，我国已出台政策，2008年6月开始，禁止免费提供塑料袋。采用传统的焚烧、掩埋等处理技术均存在一定的缺陷，而回收利用又存在一定的局限，因而开发环境可接受的降解性塑料是解决塑料废物处理问题，特别是难于回收利用的一次性用品污染问题的重要途径。20世纪70年代以来，许多国家就在研制可降解塑料。我国降解塑料的研究开发起始于70年代中期,90年代随着环保呼声日益高涨和降解塑料的研究犹如雨春笋蓬勃发展,并多次掀起开发生产降解塑料热潮。降解塑料的优点是在失去塑料的利用价值而变成垃圾之后,不但不会破坏生态环境,而且会提高大地的生物活性,降解性塑料废弃在环境中,在各种环境因素作用下经过一定的时间能自动降解为对环境无污染的小分子物质,甚至进而可参与生物代谢循环而被同化吸收。

现在使用的农药对于人体、动物大多数都有毒,有的甚至毒性很大,有的国家已陆续禁止或限制某些农药的生产和使用,并积极寻求用高效低毒的农药来代替。农药发展的方向,已倾向于发展抗菌素农药和生物灭敌。

8. 实现闭路循环

闭路循环亦即系统内部物料循环,是指生产系统的排出物通过一定处理而使排出物中夹杂的原料和中间产品重新返回系统再次使用,以避免污染物排入环境,既降低了消耗定额,又减少了污染物的危害。

由于此法在控制污染方面有很多优越性,因此日益受到各方面的重视,成为化工生产中改进生产流程的一个新的发展方向。因为原料中的杂质会造成闭路循环操作的困难,所以闭路循环生产必须使用高纯度原料。例如国外有很多工厂使用99.99%高纯度食盐作为电解的原料,去掉了盐水精制工序,从而解决了盐泥污染问题。联合制碱法就是一个典型的闭路循环流程。

9. 回收和综合利用

化工生产中产生的“三废”即废水、废气、废渣,有许多都是具有再生利用的物质,有的可以用来直接作化工原料和其他工业原料,有的经提取再作化工原料,有的可以回收当作燃料。

常用的回收方法有蒸馏、结晶、萃取、离子交换树脂吸附等。

综合利用主要是对生产中的副产物予以加工利用。变废为宝,不仅能减少污染,而且降低了生产成本和消耗,取得可观的经济效益。

例如,将生产丙烯腈副产的氢氰酸与乙烯、氧气进行反应得到丙烯腈,既提高了丙烯腈的收率,又避免了氢氰酸的污染。电石法生产聚氯乙烯过程中产生的电石渣回收做生产水泥的原料。矸石硬塑和半硬塑挤出成型砖。煤矸石和煤渣混烧发电。

10. 严格执行污染物排放控制标准

化学工业实现零污染这在实际生产过程中是不可能的。因为所有的废物都是潜在的污染源，而且有的废物是无法避免的。但对产品和工艺持续不断地改进，逐步减少污染的产生和排放，最终使得污染排放水平与环境承载力和转化能力相平衡，这是极有可能的。控制污染的措施之一是严格执行污染物质的控制标准。控制标准又有环境质量标准和污染排放标准之分。

环境质量标准是评价各地的环境质量好坏的标尺，是环保政策目标，亦是制订污染物（或有害因素）排放标准的依据，为环境标准体系中的主体。例如《环境空气质量标准》（GB 3095—1996）、《生活饮用水卫生标准》（GB 5749—2006）、《海水水质标准》（GB 3097—1997）。

污染物排放标准是为了实现环境目标，结合技术、经济条件和环境特点对排入环境的污染物（或有害因素）所作的控制规定。它是实现环境质量标准的手段，需紧密结合环境特点，技术经济条件，区别不同情况，确定不同的标准内容，采取不同的标准形式。如《污水综合排放标准》（GB 8978—1996）、《医院污水排放标准》（GB J48—1983）。

环境质量标准和污染物排放标准均有国家标准和地方标准（或行业标准），企业应尽量从严执行相关标准。

五、污染物的处理方法

化工污染物多种多样，其物理性质、化学性质又各不相同，从技术和经济的角度出发，对不同污染物有不同的处理方法。常用的方法主要有以下几种：

1. 萃取法

主要利用污染物质在污水和萃取剂中的溶解度，对污染物进行回收。有分段混流式和连续接触式等几种流程。此方法适用于含铀、钒、酚、有机酸等污水的处理。

2. 吸附法

主要利用吸附剂多孔性和表面活性进行对污染物质的吸附，然后经脱附回收利用。这种方法主要用于硅藻土，活性白土等物质的污染处理，适用于染料废水、含酚、重金属废水和炼油、炼钢厂的废水(气)的处理。最常用的吸附剂是活性炭。

3. 热处理法浸没燃烧等

主要利用加热蒸发浓缩、结晶等，如喷雾蒸发。这种方法主要适合处理含量较高、具有再回收利用价值的污染物。

4. 蒸汽吹脱法

此方法又称汽提法，主要利用气液平衡的原理，把污染物用蒸汽带出进行再回收利用。

5. 反渗透法

主要适用于机械杂质少的污水处理。该方法依靠一种渗透膜，当加压压力大于废水时，把水和类似小分子(可透过膜)与溶解盐(它不能透过膜)分离。

6. 重力分离法

主要利用气液非均相体系的特性，用离心沉降或自然沉降设备进行污染物的分离，达到回收再利用。

7. 超过滤法

主要利用分子筛原理，按分子大小特性分离污染物质。超滤膜是实现超过滤的关键元件。这种方法适用于印染、显影、淀粉工业等的污水处理。

8. 电渗析法

废水中离子在直流电场作用下能优先地透过某一种类离子的选择透过性膜，使膜的一边离子浓缩，另一边离子淡化，从而使电解质分离。这种方法处理污水的量大且操作安全可靠。

9. 生化处理法

主要利用微生物将有害的污染物转化为有益的物质。例如利用含有有机物的污水生产微生物蛋白作为饲料。

10. 焚烧法

主要利用焚烧使有害的无机物转化为无害物，使废物得到回收再利用，这种方法适用于废渣的处理。而且焚烧过程中产生的热量也可以回收利用，如碱法纸浆的处理。

11. 离子交换法

主要利用离子交换树脂回收利用污染物质。这种方法，适合于将重金属从金属污水中分离出来，使其得以回收再利用。

12. 中和法

主要利用酸、碱中和的原理。例如酸性污水，可通过调整 pH 值，达到 6 ~8 后，再排放，就可以回收重复使用。再如造纸厂的含碱性废水，通过加入盐酸中和。

13. 氧化还原法

主要是利用氧化还原的原理，在污水中通入氧，使污染物氧化为无害物。例如在含硫废水中通入氧使硫变为硫代硫酸盐，从而达到回收再利用的目的。

14. 混凝法

主要是利用混凝剂，破坏污染物形成的胶体分散体系，再结合离心沉降等方法分离出污染物。例如高岭土、硫酸铝。

15. 好氧生物处理法

该方法也称需氧法，主要利用生物的好氧性原理进行污染物的处理，包括活性污泥法、生物膜法和氧化塘法。这三种方法都是在污染物中通入氧、使其得以净化。

16. 厌氧生物处理法

该方法又称消化法或甲烷发酵法，主要是在无氧的条件下，借无氧菌的代谢作用，将有机物分解为 CH_4 和 CO_2。这种方法主要适用于处理高浓度的有机废水。

第三节 ISO 14000 简介

1992 年联合国环境与发展大会提出了“可持续发展”战略，揭示了人类文明发展的新篇章，引起了人类社会各领域、各层次的深刻变革。ISO 14000 系列标准的出台是对可持续发展的积极响应，其目的是以“污染防治，持续改进”为指导思想，强化环境管理，保护当代人乃至今后人类赖以生存的环境，ISO 14000 系列标准的提出，是全球环境保护发展的必然趋势。

一、ISO 14000 环境管理标准的产生

1990 年，国际标准化组织（ISO）和国际电工委员会（IEC）出版了《展望未来——高新技术对标准的需求》一书，其中“环境与安全”问题被认为是目前标准化工作最紧迫的四个课题之一。1992 年 6 月，在联合国环境与发展大会上，一百多个国家就长远发展的需要，一致通过了关于国际环境管理纲要，环境保护与持续发展已成为各国环境的重要课题。1992 年 ISO/IEC 成立了“环境问题特别咨询组（ISO/SAGE）”，同年 12 月，SAGE 向 ISO 技术委员会建议：制订一个与质量管理体系方法相类似的环境管理体系方法，帮助企业改善环境行为并消除贸易壁垒，促进贸易发展。

为此，ISO 借鉴了其成功推行 ISO 9000 标准的经验，总结了各国环境管理标准化的成果，尤其是参考了英国环境管理体系标准 BS 7750，于是 1996 年底正式颁布了 ISO 14000 环境管理系列标准（首批颁布了五项），作为 ISO 14000 系列标准基础原型。ISO 14000 系列标准颁布后，立即被世界各国广泛应用，并作为本国标准推广实施。ISO 14000 被称为 ISO 继成功地推出 ISO 9000 之后的又一贡献。ISO 14000 系列标准的影响和作用将会超过 ISO 9000 而被载入史册。

二、ISO 14000 系列标准简介

1. ISO/TC207

国际标准化组织于 1993 年 6 月，正式成立了 ISO/TC207 环境管理技术委员会，通过制订和实施一套环境管理标准，规范企业和社会团体等所有组织的环境行

为，以达到节省资源，减少环境污染、改善环境质量促进经济的持续、健康发展的目的。其核心任务是研究制订 ISO 14000 系列标准中覆盖环境管理体系、环境审核、环境行为评价、环境标志以及生命周期评估等方面的标准。

目前 ISO/TC 207 的秘书国是加拿大，成员国 80 个，其中 P 成员（正式成员）41 个，O 成员（通信成员或称观察成员）39 个，中国是 P 成员国。我国与 ISO/TC 207 对应的机构是全国环境管理标准化技术委员会（CSBTS/TC 207），它成立于 1995 年 10 月。其方针是“边发展经济边治理环境”，中国的发展决不以牺牲环境为代价。其主要任务是：负责与 ISO/TC 207 的联络、跟踪、研究 ISO 14000 环境管理系列标准，结合国内情况，适时地把 ISO 14000 系列标准转化为我国国家标准并组织实施。

ISO/TC 207 下设主席顾问工作组，6 个技术委员会（SC1～SC6）及两个直属工作组（WG1～WG2），为加强 ISO 14000 系列标准与 ISO 9000 族标准的兼容性，还有一个 TC 207 与 TC 716 合作协调工作组。

2. ISO 14000 系列标准

凡是 ISO/TC207 环境管理技术委员会制订的所有国际标准称为 ISO 14000 系列或 ISO 14000 族标准。ISO 中央秘书处为 TC 207 预留了 100 个标准号，即标准编号为 ISO 14001～ISO 14100 共 101 个编号，统称为 ISO 14000 系列标准。

3. 制订 ISO 14000 系列标准的指导思想

（1）ISO 14000 系列标准应不增加并消除贸易壁垒。

（2）ISO 14000 系列标准可用于各国对内对外认证、注册等。

（3）ISO 14000 系列标准必须摒弃对改善环境帮助的任何行政干预。

4. 环境管理标准化应遵循的准则

（1）弹性的准则。允许发展中国家有一段规定的时间使它们的产品和管理制度逐步达到 ISO 14000 系列标准要求，以示在环境问题上与对发达国家的要求有所区别。

（2）应用对象主要定位在中、小型组织。

（3）确保认证审核员保持客观性和独立性，不受上级管理者、各种活跃分子申请者的影响。

各类标准其相互关系如图 8 –3 所示。

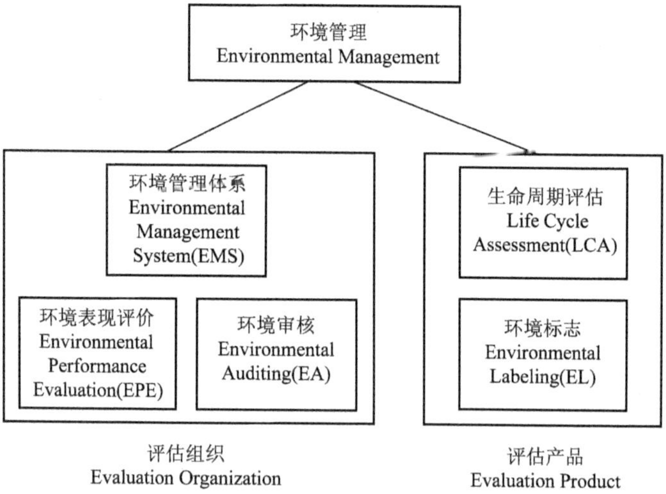

图 8 –3 ISO 14000 系列标准间的结构

5. 已发布实施的标准

截止到 2001 年 2 月 28 日，我国政府已转化为我国国家标准并发布和实施的共有 12 个标准。现简要介绍其中的四个主要标准。

(1) ISO 14001：1996《环境管理体系 规范及使用指南》。ISO 14001 是 ISO 14000 系列标准的主体标准，也是目前已经分布和正在制订的标准中唯一可供认证的标准，其他的标准可以说都是其技术的支持标准。它规定了对环境管理体系的要求，明确了环境体系的诸要素，根据组织确定的环境方针目标，活动发生的运行条件，把本标准的所有要求纳入组织的环境管理体系中。该项标准向组织提供的体系要素或要求，适用于任何类型和规模的组织，并适用于各种地理、文化和社会条件。

该标准要求组织建立环境管理体系，组织可据此建立一套程序来确立环境方针和目标，实现并向外界证明其环境管理体系的符合性，同时，还可以通过评审或审核来评定体系的有效性，以达到支持环境保护和预防污染的目的。

(2) ISO 14004：1996《环境管理体系 原则、体系和支持技术通用指南》。该标准简述了环境管理体系（EMS）要素，为建立和实施 EMS，加强 EMS 与其他管理体系的协调提供可操作的建议和指导。它同时也向组织提供了如何有效地改进或保持

EMS 的建议，使组织通过资源配置，职责分配以及对操作惯例、程序和过程的不断评价（评审或审核）来有序而一致地处理环境事务，从而确保组织确定并实现其环境目标，达到持续满足国家或国际要求的能力。

指南不是一项规范标准，只作为内部管理工具，不适用于环境管理体系认证和注册。

环境管理工作是组织的全部管理体系的必要组成部分。实现、保持、评审、改进环境方针、目标和指标的组织结构、职责、操作惯例、程序、过程及资源应与其他管理领域的现行工作协调一致（包括质量、职业卫生和安全）。

环境管理体系的建立始终是一个不断发展、不断完善的过程，它采用系统的方法，坚持持续改进。

（3）ISO 19011《质量和环境审核指南》。

（4）ISO 14040：1997《环境管理　生命周期评估　原则与框架》。生命周期评估是一项用以评估产品的环境因素与潜在环境影响的技术，包括：编制一份与研究的产品系统有关的投入产出清单；评估与这些投入产出相关的潜在环境影响；对与研究目的有关清单分析阶段与评估阶段结果进行说明。ISO 14001 要求组织应建立程序以识别其活动、产品及服务中的环境因素，并在制订目标指标时将大环境因素加以考虑。生命周期评估计即是一个可用来识别这些环境因素的方法。

三、环境管理的常用术语

1. 环境（Environment）

GB/T 24001—ISO 14001 中的定义为：“组织运行活动的外部存在，包括空气、水、土地、自然资源、植物、动物、人，以及它们之间的相互关系。”

2. 环境因素（Environmental Aspect）

GB/T 24001—ISO 14001 中的定义为：“一个组织的活动、产品或服务中能与环境发生相互作用的要素。”

3. 环境影响（Environmental Impact）

GB/T 24001—ISO 14001 中的定义为：“全部或部分地由组织的活动、产品或服务给环境造成的任何有害或有益的变化。”

4. 持续改进（Eontinual Improvement）

GB/T 24001—ISO 14001 中定义为："强化环境管理体系的过程，目的是根据组织的环境方针，实现对整体环境表现行为的改进。"

5. 环境管理体系（Environmental Management System）

GB/T 24001—ISO 14001 中的定义为："整个管理体系的一个组成部分，包括为制订、实施、实现、评审和保持环境方针所需的组织结构、计划活动、职责、惯例、程序、过程和资源。"

6. 环境方针（Environmental Policy）

GB/T 24001—ISO 14001 中的定义为："组织对其全部环境表现（行为）的意图与原则声明，它为组织的行为及环境目标和指标的建立提供了一个框架。"

7. 环境目标（Environmental Objective）

GB/T 24001—ISO 14001 中的定义为："组织依据其环境方针规定自己所要实现的总体目的，如可行应予量化。"

8. 环境指标（Environmental Target）

GB/T 24001—ISO 14001 中的定义为："直接来自环境目标，或为实现环境目标所需规定并满足的具体的环境表现（行为）要求，它们可适用于组织或其局部，如可行应予以量化。"

9. 环境表现（行为）（Environmental Performance）

GB/T 24001—ISO 14001 中的定义为："组织基于其环境方针、目标和指标，对它的环境因素进行控制所取得的可测量的环境管理体系的结果。"

10. 环境管理体系审核（Environmental Management System Audit）

GB/T 24001—ISO 14001 中的定义为："客观地获取审核证据并予以评价，以判断组织的环境管理体系是否符合所规定的环境管理体系审核准则的一个以文件支持的系统化验证过程，包括将这一过程的结果呈报管理者。"

四、环境管理体系运行模式

ISO 14001 是 ISO 14000 系列标准中的主题标准，而“环境管理体系”(EMS)又是 ISO 14001 的主题、核心、灵魂和关键。它规定了自己独特的运行模式，明确了体系的要素即环境方针目标、组织结构、规划(策划)、过程、资源、检查和评审等，因此，任何一个企业或组织只要建立一个适合自己企业特点的环境管理体系(EMS)，就能达到标准的要求，实现环境方针和环境目标，并能保证持续发展，最终赢得企业形象、企业信誉、企业市场、企业经济和社会效益。

1. 要素构成

按 ISO 14000 系列标准要求建立的环境管理体系由五个一级要素和 17 个二级要素组成，见下表。

环境管理体系一级和二级因素表

	一级要素	二级要素
要素名称	(一)环境方针	1. 环境方针
	(二)规划(策划)	2. 环境因素 3. 法律和其他要求 4. 目标和指标 5. 环境管理方案
	(三)实施和运行	6. 组织结构和职责 7. 培训、意识和能力 8. 信息交流 9. 环境管理体系文件 10. 文件控制 11. 运行控制 12. 应急准备和响应
	(四)检查和纠正措施	13. 监测和测量 14. 不符合纠正和预防措施 15. 记录 16. 环境管理体系审核
	(五)管理评审	17. 管理评审

2. 运行模式

环境管理体系的运行与其他管理的运行模式相似，共同遵守由查理·戴明(Charles Deming)提供的管理模式，见图8-4。ISO 14001环境管理体系(EMS)要素运行过程，体系按照这一模式运行，在不断循环中实现持续改进。由查理·戴明提供的规划(PLAN)、实施(DO)、验证(CHECK)和改进(ACTION)运行模式也称PDCA模式，见图8-5，概括戴明模型，其核心内容是根据管理学的原则，为组织建立一个动态循环的管理过程框架，以持续改进的思想指导组织系统地实现其既定目标。

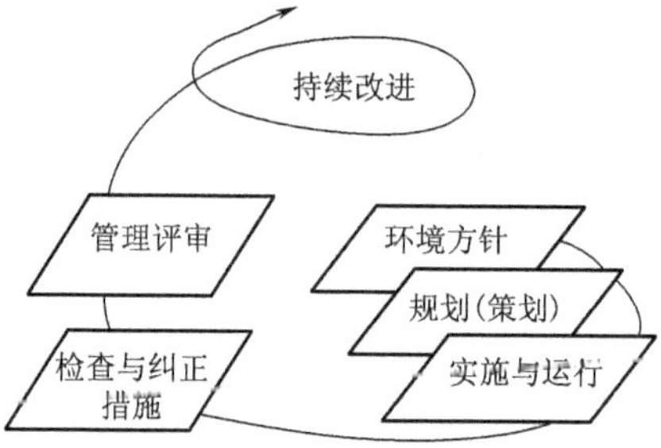

图8-4 环境管理体系(EMS)模式

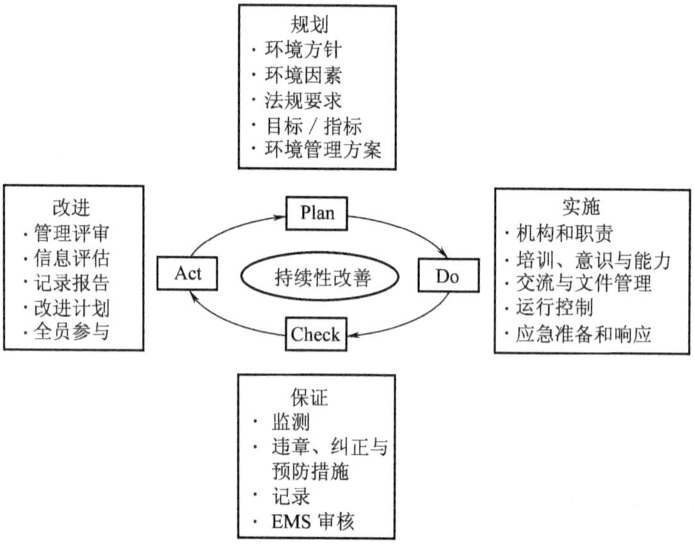

图8-5 EMS的PDCA模式

环境管理体系除了遵循PDCA模式之外，它还有自身的特点：

(1)着重持续改进。

(2)重视污染预防。

(3)强调最高管理者的承诺和责任。

(4)立足于全员意识，全员承诺，全员参与。

（5）系统化、程序化的管理和必要的文件支持。

（6）和其他的管理体系的兼容与协同作用。

3. EMS 的作用

随着可持续发展战略在全球的实施，环境保护正朝着污染预防的方向发展。这要求组织以主动自觉的方式从其管理职能上推动生命周期的环境管理，将环境保护贯穿、渗透到组织的基本活动过程中，以促进组织环境表现的持续改进。其作用在于帮助组织：

（1）识别和控制其活动、产品或服务中的环境因素、环境影响和风险。

（2）发现有效的解决环境问题的机会。

（3）确定适于组织的环境法律、法规要求。

（4）制订环境方针指导组织的环境管理。

（5）建立处理环境事项的优先顺序，以确定环境目标及行动方案。

（6）建立执行程序和支持保障机制，推进环境计划的实施。

（7）监测环境的环境表现，评价体系的有效性，实施体系的改进。

环境管理体系的建立，将使组织从其管理职能上纳入环境保护的要求，促进组织步入自我约束的环境管理轨道。

五、环境管理体系审核及实施

与质量体系审核类型相似，环境管理体系的审核可分以下三种类型：

（1）第一方审核：为组织内部目的而进行的环境管理体系的审核。审核报告和形式都比第二方或第三方审核简单。

（2）第二方审核：通常是对供应商或分承包商的环境管理体系审核，由需方组织中胜任的人员承担。

（3）第三方审核：通常是以 ISO 14001 标准的认证为目的的。例如，购买者希望由一个独立组织评价潜在的供应商而不是他自身来进行。第三方审核是由公正的并由权威部门认可的机构来承担。这种审核和评价要求相当严格。

第一方审核通常称为内部审核，第二方和第三方通常称为外部审核。

环境管理体系审核的审核员要求及具体的审核实施过程与质量管理体系审核基本相同，均应符合 ISO 19011 的规定。

第九章 经济核算

企业是一个经济组织，追求经济效益是企业的主要目标。经济核算是按照经济规律，利用经济方法对企业进行经济管理的基本方法。它要求企业自主经营，在生产经营过程中讲求经济效益，实现最大盈利，使企业各个部门与单位的经济责任和经济利益相结合，最大限度地调动全体职工生产积极性，促进企业的生存与发展。同时，经济核算也是企业经营管理的一个重要管理原则，企业必须在此原则指导下，不断改进各项管理工作，以最少的人力、物力及财力资源，获取最大的经济收益。

第一节 概 述

经济核算是企业管理的一项重要工作。它以节约资源为原则，以提高经济效益为目标，利用价值形式，运用会计核算、统计核算、业务核算以及经济活动分析等方法，对企业生产经营过程中的资源占用，资源消耗和劳动成果进行记录、计算、分析、对比的综合管理工作。这里所说的经济核算是全面经济核算，它具有全局性、全过程性和全员性。全局性就是它在企业内涉及从厂部、车间、班组各个生产单位，以及生产、技术、劳动、物资、销售、财务、生活等各个业务和行政部门，都要开展经济核算；全过程性，就是从产品研究、设计、试制、鉴定到投入生产制造、销售以及售后为用户服务等过程，都要开展经济核算；全员性，就是从领导到群众，从管理干部、工程技术人员到工人，都要参加经济核算。

企业实行经济核算，是企业本身的生存和发展的需要。它是一项带有根本性的工作。宣传经济核算思想，强调经济核算工作的重要性，实行全面经济核算，更具有特别的重要意义。

一、经济核算的内容和条件

1. 企业实行经济核算的内容

(1)生产成果的核算。围绕企业产品的产量、品种和质量等指标来进行。这些指标分别反映和评价企业为社会提供的使用价值的状况。但是,实物形态的指标难以汇总计算,因此,还需要借助于价值形态的指标,如产值。

(2)劳动工资的核算。提高劳动生产率是增产的主要途径,因此,在劳动工资的核算中必须核算劳动生产率。同时,还要控制职工人数和工资总额,这也是企业经济核算的一个重要任务。

(3)资金占用的核算。从一个企业来看,生产一定数量的产品,所占用的资金数量(其中包括固定资金和流动资金)越少,或者占用同样数量的资金,生产更多的产品,都可以降低劳动消耗,增大经济效益。从整个社会来看,企业占用的资金越少,社会上可用的资金就越多,从而可以加快国家建设速度。所以,资金占用的核算,应是企业经济核算的重要内容之一。

(4)产品成本的核算。在企业生产经营过程中,原材料消耗多少、劳动生产率高低、产品质量好坏、设备利用是否充分、资金运用是否节约,以及劳动组织和生产组织是否合理等,最终都会反映在产品成本中,因此,组织产品成本核算,对产品成本进行计算、控制、分析和考核是很重要的。

(5)利润的核算。企业的利润是将企业生产的消耗与生产的成果,进行综合比较的结果。企业在生产经营活动中,销售收入的大小、销售费用的多少、成本的高低、产品质量的好坏,都可以在利润指标上综合加以反映。因此,企业必须进行利润的核算。

2. 企业实行经济核算的内部条件

(1)在企业内部实行严格的经济责任制。包括企业领导、各职能部门、车间、班组所有人员的责任制和工人岗位责任制,将责任、权限、奖惩结合起来,做到责任明确、有职有权、奖罚分明。这是开展经济核算的关键和首要条件。

(2)做好经济核算的基础工作。主要是做好定额、原始记录、计量管理和厂内计划价格等工作。定额是管理的基础,是实行经济核算的重要依据。原始记录是制订定额和进行核算的基础,也是企业信息系统的基础。没有及时、完整、正确的原始记录,就不能全面、系统、真实地反映企业经济活动情况,也就无法正确地指挥生产经营活动,进行经济核算、计量是保证原始记录正确可靠的必要条件。厂内计划价格是进行内部结算和核算的依据。制订合理的厂内计划价格,才能保证各车间收支和生产经营成果核算的正确性,为经济责任划分的合理性提供条件。

(3)对全厂进行清产核资。弄清家底,核实各部门各单位占用的固定资产和流动资金,为准确衡量生产耗费和经营成果创造条件。

(4)建立和健全各项规章制度。为了生产经营顺利进行,必须有一套适合生产发展的管理制度,必须建立完整的经济核算指标体系,运用目标管理的方法,将指标层层分解,形成上下衔接、纵横成网,使各部门各单位直至每个职工都有明确的目标和考核尺度。

(5)建立厂内经济合同制。厂内经济合同是企业内部各单位之间,按照厂部下达的生产任务,为协调相互提供半成品和劳务等关系,在相互协商基础上签订的经济协议。其目的是充分发挥经济合同的组织和制约作用,以促进内部各单位既能密切配合,又能分清责任。

(6)建立厂内结算中心。为了使车间、科室各单位之间以及与厂部之间的领用材料,产品协作、劳务提供、占用支出,专用资金的上缴与下拨等经济往来的结算,在厂内设立结算中心。可以采用"内部银行支票",或"厂币券",或"往来结算单"等形式,使各单位有货币收支概念,认真执行内部经济合同,切实办理内部经济往来结算,以达到控制成本,提高经济效益的目的。

二、企业经济核算的组织体系

企业的经济核算,涉及厂级各职能部门,车间及班组。为了进行全面经济核算,按照化工企业的管理形式,一般实行厂部、车间和班组的三级核算。

厂部是整个企业生产经营活动的指挥机构,管理工作的领导中心,因此必然也是经济核算的中心。企业生产经营状况如何,计划指标完成程度,取得经济效益多少,都须通过厂级经济核算才能得到全面、系统的反映。首先厂部要核算全厂生产的品种、质量、产量、产值、劳动生产率、成本、利润、资金等经济指标;其次,要制订统一的经济核算工作制度、计划和方法;最后,要领导指挥车间与班组的经济核算工作。

车间是企业内部中层生产行政单位,其主要工作就是进行生产,企业的主要生产成果来自车间,生产消耗也主要发生在车间。因此,搞好车间的经济核算,对于保证厂部经济核算指标的实现，调动生产工人当家理财的积极性，都起着承上启下的关键作用。车间主要核算所属范围为产品品种、质量、产量、劳动、成本以及资金等经济指标。

班组是企业基层生产行政单位，车间的生产任务要落实到班组来完成，生产的消耗最终发生在班组。因此，班组应以“干什么、管什么，即算什么”的原则进行班组内的经济核算。另外，班组内核算属于群众性经济核算，要求核算要简单、明确、易懂、易算。班组通常只核算生产成果和生产消耗两方面，具体的产量、质量、工时利用、原材料消耗，有时也需核算成本。

车间、班组的经济核算属于企业内部局部性核算，但却是厂部核算的基础，是厂部核算的资料来源；而厂部核算的各项经济指标则要分解下达到车间、班组，才能同广大工人的具体生产活动结合起来。因此，厂部、车间及班组三级经济核算相互依存，相互制约，只有密切配合，共同搞好，才能达到企业经济核算这一管理工作的目的。

第二节　班组经济核算的基础工作

班组经济核算是企业经济核算的基础部分，要做好此方面的核算，首先应做好班组核算应需要的基础工作。基础工作具体包括原始记录、规章制度及经济定额三方面内容。

一、原始记录

原始记录是运用数字与文字，按照规定的表格，对班组发生的经济活动进行的直接记录。它是企业生产经营活动第一手资料，对于各种经济指标的计算、经济责任的划分、经济效果的考核以及经济利益的分配都起着决定性作用。因此，对于原始记录工作有如下具体要求：

1. 确保准确可靠

原始记录是生产活动的直接记录，具体包括：生产进度记录、产品质量记录、劳动用工记录、考勤记录、用料记录、设备使用记录、交接班记录、化验记录、试验记录、计量记录、领料凭证、产品交库凭证等。这些记录的准确可靠关系到班组、车间乃至厂部经济核算的准确性、有效性，因此在记录时务必内容全面，数字可靠。切忌漏记、错记，更不允许弄虚作假。

2. 认真登记台账

台账是按时间顺序登记的记录册，通常使用的台账有：用工台账、质量台账、产量台账、下料台账等。登记台账不光要准确可靠，还要做到勤记、勤算和勤查。

3. 搞好统计资料分析和运用

班组内的统计资料，即对直接生产活动中记录下的各种数字和文字进行收集、整理、综合与分析，得出反映各种经济指标实际发生与计划完成状态和水平。

根据掌握的统计情况，制订相应的措施，改进各项工作。

二、规章制度

规章制度是按照现代化生产的客观规律，保证良好生产秩序，符合经济核算要求而制订的共同遵守的准则。

1. 生产管理制度

生产班组最基本的准则是生产管理制度，它将各方面生产管理工作，分解落实到每一个生产岗位，使每个生产岗位都有具体的责任制度，以便在生产中有章可循。生产管理制度主要有：岗位专责制度、交接班制度、巡回检查制度、质量责任制度、设备维修保养制度、文明生产制度等。

2. 技术管理制度

技术管理制度是生产中各项技术活动的行动准则，它将国家规定的各项技术政策与法令，落实到每个生产者的生产活动中。技术管理制度主要有：产品技术标准、生产工艺规程、技术操作规程、安全技术规程、计量管理制度等。

3. 经济管理制度

经济管理制度是用经济手段督促生产者贯彻生产管理制度，执行技术管理制度，提高生产效率的准则。经济管理制度主要有：计划统计制度、计价结算制度、经济合同制度、材料管理制度、考勤制度、奖罚制度、劳动管理制度等。

三、经济定额

经济定额是用数量和质量表示的某项经济活动应达到的标准，它是车间向班组下达生产任务的依据，也是班组自身经济核算的尺度。在班组经济核算中，主要依据的经济定额有：劳动定额、材料消耗定额、能源消耗定额、质量定额和成本定额。

第三节 班组经济核算的组织

实行班组经济核算，班组成为相对独立的核算单位，对其经济成果承担相应的经济责任，这就要求班组应在思想上、业务上以及分工管理上做好组织工作，做到核算有分工，责任有制度，切实将核算工作落实到班组每一个职工身上，真正发挥群众核算的作用。

做好班组经济核算的组织工作。首先，在思想上要有明确的认识，即全体班组职工充分认识核算的意义及对每个人的好处，在思想上重视核算工作，自觉自愿地去从事经济核算；其次，每个职工要有责任心，不怕麻烦，具有主人翁观念，使得核算工作人人都关心，事事有人管，充满热情去进行核算工作。核算是为了班组利益，职工个人利益，只有团结一致，才能真正达到此项工作的目的。

一、确定班组经济核算单位

班组内经济核算单位的确定应遵照原则是：便于生产，便于管理，便于管账，便于分清责任。依此原则的尽可能小的单位作为核算单位，最小可以核算到人。具体核算单位有以下几种：

1. 按生产班组划分核算单位

生产班组下不再分作业组的，可以原班组为核算单位；或者虽有若干作业组，但各作业组无法单独核算，也应以班组为核算单位。

2. 按轮班作业组划分核算单位

凡是为早、中、晚班轮班生产的，各班次又能够单独核算的，应以轮班作业组为核算单位。

3. 按机械设备分核算单位

单人单机操作，或是一机多人共同操作，应以每台机械设备作为核算单位。

4. 按生产对象划分核算单位

当完成一项生产任务需要几个班组共同合作，并且无法分别核算各个班组，此时应以生产对象为主将几个班组组成一个核算单位。

5. 按生产联动线划分核算单位

不同于同一个生产班组，但却在同一个生产联动线工作，共同创造生产成果，共同担负经济责任，此种情况应以整个生产联动线作为核算单位。

二、确定不脱产的群众核算员

班组经济核算是在专业人员指导下，由班组生产工人负责本组内的经济核算，称为群众核算员。他们是班组长的助手。群众核算员应由思想觉悟高、群众关系好、办事认真负责、具有一定技术水平的工人担任。

第四节　班组经济核算的形式与方法

一、班组经济核算的形式

班组经济核算的形式一般为“指标分项核算”，即由车间为下属班组规定的产量和质量为主的核算指标，同时规定经济责任，要求班组按规定核算下达指标的完成情况，进行考核，据以实行经济上的奖惩。

1. 常用的班组核算指标

(1)产品产量指标。一般来说，产品产量指标是企业在计划期内应当生产的可供销售的工业产品的实物数量和工业性劳务的数量。产品产量指标通常采用实物单位或假定实物单位来计量。产品产量指标是表示企业生产成果的一个重要指标。由于化工生产工序很多，绝大多数班组并不负责成品的生产，而只负责某种在制品的生产，因此，这里的产品概念应扩充为班组生产的目的物。

（2）产品质量指标。产品质量指标是指企业在计划期内各种产品应该达到的质量标准。它反映着产品的内在质量（如有效浓度、杂质含量、使用经济性等）及外观质量（如产品的外形、颜色等）。产品质量是衡量产品使用价值的重要标志。保证和提高产品质量，是企业实现生产任务、满足社会需要的一个十分重要的方面。企业的产品质量，也综合地反映了企业的技术水平和管理水平。核算产品质量时常用一等品率、合格率、废品率等指标。

（3）劳动指标。班组主要任务是生产，只有将班组内劳动时间充分利用，才能生产出更多的产品。因此，劳动核算一般以工时为单位去核算出勤率、缺勤率、工时利用率等指标。

（4）物资消耗指标。物资消耗指标指原材料、辅料、燃料、工具等消耗水平，此指标以限额、定额、降低额、降低率等形式下达给班组进行核算。

（5）能源消耗指标。能源消耗指标指电、蒸汽、冷量、各种载能和耗能工质的消耗水平。

（6）成本指标。班组成本指标是从企业总成本经车间层层分解下来，一般只核算直接生产费用，即班组内人工费、能耗费和材料费的支出。它属管理成本而非财务成本。

2. 班组核算指标确定的原则

（1）核算的指标应符合班组生产特点，要反映班组生产经营活动的基本情况，全面体现多、快、好、省的经济要求。

（2）核算的指标应是与工人从事生产直接有关，工人能够掌握与控制其完成情况。

（3）核算的指标数量不宜过多，要兼顾工人不脱产兼管理的实际情况，指标要少而精，以能促进工人劳动积极性为宜。

（4）核算的指标要有重点，而重点则需根据班组具体生产特点和不同时期生产任务来确定，目的是以最少精力，取得最大核算效果。

（5）核算结果要通报到每个工人，依其结果进行奖惩。

二、班组经济核算的方法

1. 产量核算方法

(1)以实物核算产量。班组产量核算中,考核产品的实物量是最基本的核算形式,但要求产品品种单一,产量定额单一,如果不具备这些条件,则需采用其他形式。

以实物核算产量的方法就是以实物计量的实际产量与计划(或定额)产量相比较,求出差额与比值,即可知道实际生产的计划完成水平。具体计算公式如下:

完成计划产量差额=实际产量-计划产量

完成计划产量程度=(实际产量÷计划产量)×100%

在化工厂里,固体产品实物量一般采用重量单位来计,液体产品采用重量单位或体积单位,气体产品采用体积单位。

(2)以定额工时核算产量。以定额工时核算产量即以生产每一单位产品的定额工时为折算产量的标准,将产量折算成定额工时量,以便同实际工时量对比。此种核算是由于班组内同时生产多种产品,且定额不同,计量单位不同,无法按实物量进行比较。

以定额工时核算产量的方法就是用实际完成定额工时数与计划完成定额工时数相比较,求出差额及比值,从而考核完成计划的水平。具体计算公式如下:

完成计划产量工时差额=实际完成定额工时数-计划完成定额工时数

完成计划产量工时程度=(实际完成定额工时数÷计划完成定额工时数)×100%

(3)以产值核算产量。在班组生产中,有些产品不但产量定额不同、计量单位不同,用定额工时表示的产品数量也不一致,使得产量核算既不能以实物量核算,也不能以定额工时核算,只能以产值来核算。

产值即用货币金额来表示产品数量的多少,以产值核算产量的方法就是用实际完成产值与计划产值相比较,求出差额与比值,从而考核完成计划的水平。具体计算公式如下:

每一产品产值=每一产品数量×每一产品单价

各种产品总产值=每一产品产值的加总

完成产值计划差额=实际产值-计划产值

完成产值计划程度=(实际产值÷计划产值)×100%

2. 质量核算方法

班组质量核算即生产职工正确记录产品生产过程中的操作质量和产品本身质量,经过计算和对比,确定出整个班组生产的质量好坏程度,分析出现质量问题的原因与责任,提出保证质量的措施。

(1)操作质量的核算。即职工在生产过程中加工生产的工作质量,具体表现为生产出的合乎质量标准的产品数量。操作质量核算方法就是用定额操作合格率与实际操作合格率相比较,求出差额与比值,从而考核生产过程的质量水平。具体计算公式如下:

实际操作合格率 =(操作合格品数量 ÷ 检验品总数量)×100%

操作质量差额 = 实际操作合格率 − 定额操作合格率

(2)产品质量的核算。即对产品本身质量进行核算,核算方法就是用实际产品质量程度与定额产品质量程度相比较,求出差额与比值,从而考核产品达到定额要求的质量水平高低。由于生产的产品不同,计算产品质量程度也不同,因而产品质量核算的具体方法也有如下几种:

①按合格率核算产品质量。即用实际产品合格率与定额产品合格率相比较,求出达到定额质量指标的程度。具体计算公式如下:

实际产品合格率 =(合格品总量 ÷ 检验品总量)×100%

产品质量差额 = 实际产品合格率 − 定额产品合格率

②按等级率(通常指一级品率)核算产品质量。即用实际产品等级率与定额产品等级率相比较,求出达到定额质量指标的程度。具体计算公式如下:

实际一级品率 =(一级品总量 ÷ 合格品总量)×100%

一级品率差额 = 实际一级品率 − 定额一级品率

③按成品率核算产品质量。即用实际成品率与定额成品率相比较,求出达到定额质量指标的程度。具体计算公式如下:

实际成品率 =(合格成品总量 ÷ 产品投料总量)×100%

成品率差额 = 实际成品率 − 定额成品率

3. 劳动核算方法

班组劳动核算主要是劳动时间的利用核算，对劳动时间利用核算，是通过对比方法，揭示工时利用的不合理现象，分析劳动时间利用率高低原因，进而充分利用有限的劳动时间。劳动时间利用核算具体表现在对出勤率、缺勤率以及作业率这三个指标的考核。

出勤率反映生产工人的出工情况；缺勤率反映生产工人的缺工情况；作业率则反映生产工人出工后时间的利用情况。三个指标从不同侧面反映了生产过程中劳动时间的利用水平。

(1)出勤率核算。即用实际出勤率与定额出勤率相比较，求出比值与差额，从而得出劳动出勤率的水平。计算出勤率由以下各项劳动时间指标推导而出：

日历工日数 = 日历日数

制度工日数 = 日历工日数 - 公休工日数

公休工日数 = 国家规定的例假和节日休假工日数

出勤工日数 = 制度工日数 - 缺勤工日数

缺勤工日数 = 应上班而未上班日数

实际出勤率 =(出勤工日数 ÷ 制度工日数) ×100%

出勤率差额 = 实际出勤率 - 定额出勤率

(2)缺勤率核算。即用实际缺勤率与定额缺勤率相比较，求出比值与差额，从而得出劳动缺勤率的水平。缺勤率与出勤率是相关指标，具体计算公式如下：

实际缺勤率 =(缺勤工日数 ÷ 制度工日数) ×100%

或

实际缺勤率 =1 - 实际出勤率

缺勤差额 = 实际缺勤率 - 定额缺勤率

(3)作业率核算。即用实际作业率与定额作业率相比较，求出比值与差额，从而得出作业率达到的水平。计算作业率由以下公式推出：

作业工日数 = 出勤工日数 - 出勤后非生产工日数

实际作业率 =(作业工日数 ÷ 出勤工日数) ×100%

作业率差额 = 实际作业率 - 定额作业率

4. 材料消耗核算方法

班组材料消耗，因产品种类不同，所需材料必然不同，因而核算的内容与方法也不同；同时生产一种产品常用材料类别也不同。因此，班组在核算材料时，要根据实际情况，着重核算那些数量大、价值高、在生产成本中所占比重较大的材料。具体方法如下：

(1) 用实物核算用料。用实物核算用料应从两方面进行，即核算全部产品用料总量和单位产品用料数量。

①全部产品用料核算。即对生产全部产品的用料进行计算，具体方法就是用全部产品实际用料总量与计划用料总量相比较，求出差额和比值，从而得出用料水平。具体计算公式如下：

全部产品计划用料总量＝全部产品数量×单位产品定额用料

全部产品实际用料总量＝全部产品数量×单位产品实际用料

全部产品用料节约(超耗)数量＝全部产品实际用料总量－全部产品计划用料总量

达到用料计划指标程度＝(全部产品实际用料总量÷全部产品计划用料总量)×100%

②单位产品用料核算。即对每一件产品(化工产品一般指每吨产品或每立方产品)的平均用料数量进行核算，具体方法就是用单位产品实际用料数量与定额用料数量相比较，求出差额与比值，从而得出单位产品用料水平。具体计算公式如下：

单位产品实际用料数量＝全部产品实际用料总量÷全部合格产品数量

单位产品节约(超耗)用料数量＝单位产品实际用料数量－单位产品定额用料数量

达到单位产品用料定额程度＝(单位产品实际用料量÷单位产品计划用料总量)×100%

全部产品用料核算，目的是为分析用料总量的节约或超耗原因，以便采取有效措施，更好地降低材料总量的消耗；而单位产品用料核算，目的则是分析每一件产品用料多少原因，以便采取措施，降低单位产品材料消耗，两种核算一个从全局着眼，一个从局部入手，两者结合达到全面节约原材料消耗。

（2）用货币金额核算用料。生产一种产品，常常需用多种材料，而为了全面核算用料数量，必须将各种用料分门别类数量加总，才能核算出此种产品的材料消耗水平，然而却难以核算出此产品唯一总量。如果将各种材料消耗量折算成货币金额，则能实现此目的，故有用货币金额核算用料的方法，即用实际材料耗用费用与计划材料耗用费用相比较，求出差额与比值，从而得出材料消耗水平。具体计算公式如下：

计划材料费用＝（甲材料计划用量×单价）＋（乙材料计划用量单价）＋……＋（N材料计划用量×单价）

材料节约（超耗）金额＝实际材料费用－计划材料费用

达到用料计划金额程度＝（实际材料费用÷计划材料费用）×100%

5. 能源消耗核算方法

能源消耗核算是对在生产产品的过程中，电、蒸汽、载能工质、耗能工质等能源耗用量的核算。核算分单项能耗和综合能耗两个方面。

（1）单项能耗的核算。产品所消耗的能源分门别类的进行计算，称为单项能耗核算。例如产品的电耗、产品的蒸气消耗等。

①全部产品单项能耗核算。即对生产全部产品的单项能耗进行计算，具体方法就是用全部产品单项能耗实际总量与计划单项能耗总量相比较，求出差额和比值，从而得出全部产品单项能耗水平。具体计算公式如下：

全部产品计划单项能耗总量＝全部产品数量×单位产品定额单项能耗总量

全部产品实际单项能耗总量＝全部产品数量×单位产品实际单项能耗总量

全部产品单项能耗节约（超耗）数量＝全部产品实际单项能耗总量－全部产品计划单项能耗总量

全部产品达到单项能耗计划指标程度＝（全部产品实际单项能耗总量÷全部产品计划单项能耗总量）×100%

②单位产品单项能耗核算。即对每一件产品的平均单项能耗数量进行核算，具体方法就是用单位产品实际单项能耗数量与定额单项能耗数量相比较，求出差额与比值，从而得出单位产品单项能耗水平。具体计算公式如下：

单位产品实际单项能耗数量＝全部产品实际单项能耗总量÷全部合格产品数量

单位产品节约（超耗）单项能耗数量＝单位产品实际单项能耗数量－单位产品定额单项能耗数量

达到单位产品单项能耗定额程度＝（单位产品实际单项能耗量÷单位产品计划单项能耗总量）×100%

（2）综合能耗的核算。综合能耗的核算是指产品所消耗的各种能源折算为标准煤进行加总核算。

每千克标准煤为热值为 7000×4.1868J，其他能源依据其热当量进行换算。

①全部产品综合能耗核算。即对生产全部产品的综合能耗进行计算，具体方法就是用全部产品综合能耗实际总量与计划综合能耗总量相比较，求出差额和比值，从而得综合能耗出水平。具体计算公式如下：

全部产品计划综合能耗总量＝全部产品数量×单位产品定额

全部产品实际综合能耗综合能耗总量＝全部产品数量×单位产品实际综合能耗

全部产品综合能耗节约（超耗）数量＝全部产品实际综合能耗总量－全部产品计划综合能耗总量

达到综合能耗计划指标程度＝（全部产品实际综合能耗总量÷全部产品计划综合能耗总量）×100%

②单位产品综合能耗核算。即对每一件产品的平均综合能耗数量进行核算，具体方法就是用单位产品实际综合能耗数量与定额综合能耗数量相比较，求出差额与比值，从而得出单位产品综合能耗水平。具体计算公式如下：

单位产品实际综合能耗数量＝全部产品实际综合能耗总量÷全部合格产品数量

单位产品节约（超耗）综合能耗数量＝单位产品实际综合能耗数量－单位产品定额综合能耗数量

达到单位产品综合能耗定额程度＝（单位产品实际综合能耗量÷单位产品计划综合能耗总量）×100%

全部产品综合能耗核算，目的是为分析综合能耗总量的节约或超耗原因，以便采取有效措施，更好地降低能源总量的消耗；而单位产品综合能耗核算，目的则是分析每一件产品综合能耗多少原因，以便采取措施，降低单位产品能源消耗，两种核算一个从全局着眼，一个从局部入手，两者结合达到全面节约能源消耗。

6. 成本核算方法

班组成本核算只核算本班组范围涉及的生产成本，是从企业总厂成本指标中分解出来的小指标，核算内容为直接生产费用，即班组内的人工费、能耗费和材料费三部分，并且需从单位产品成本和产品总成本两方面进行。

(1)单位产品成本核算。单位产品成本即生产每一单件产品平均耗用的生产费用。单位产品成本核算方法就是用实际单位产品成本与定额单位产品成本相比较，求出差额与比值，从而得出单位产品成本高低水平。具体计算公式如下：

$$实际单位产品成本=(产品总成本\div 产品总数量)$$

$$单位产品成本降低额=实际单位产品成本-定额单位产品成本$$

$$单位产品成本降低率=(单位产品成本降低额\div 定额单位产品成本)\times 100\%$$

(2)产品总成本核算。产品总成本即生产一定数量的某一种产品耗用的生产总费用。产品总成本核算的方法就是用实际产品总成本与计划产品总成本相比较，求出差额与比值，从而得出成本盈亏水平。具体计算公式如下：

$$盈亏金额=实际产品总成本-计划产品总成本$$

$$总成本降低率=(盈亏金额\div 计划产品总成本)\times 100\%$$

$$班组盈亏金额=各产品盈亏金额加总$$

班组在具体进行成本核算时必须遵循如下核算原则：

①计算生产成本须以产品实际产量为基础，兼以单位产品定额成本，得出计划产品总成本；不得擅自提高单位产品定额成本，以达到多计盈余的目的。

②必须准确计算产量，只有产量准确，实际与计划的成本才能准确，也才能核算出成本的真实盈亏水平。

③要按产品不同名称与规格分别计算成本，严禁混在一起计算。

④要依照统一成本规定范围计算成本，不得将规定外费用随意计入或扣除到生产成本中。

⑤要将产品生产过程中属于班组范围内的废品损失，计入生产成本，而且本项产品的废品损失不得转移到别项产品生产成本中。

⑥要将因本班组责任造成停工损失费用计入生产成本，而因外部责任（企业、车间或其他工序）造成损失不得列入本班组生产成本。

⑦计算班组生产成本，要凭证齐全、统一，数字准确，保证成本核算的严肃性与真实性。

⑧班组盈亏金额是将班组各种产品的盈余与亏损汇总计算出的结果，目的是使全班组职工关心全面生产成本，以盈补亏，尚有盈余才能保证班组的成本盈余。

三、班组经济核算的分析

对于在经济核算中发现的问题要及时进行分析。通过分析找出问题的症结所在，寻求解决办法。经济活动分析可以借鉴质量管理的成功经验，从“人、机、料、法、环”诸多方面查找成本高的原因。经济活动分析是生产班组搞好核算，提高劳动生产率的重要环节。

班组经济活动分析通常采用会议形式。由班组长掌握，定期（周、旬、月）和随时（班前、班后）召开。必要时，可以请车间或通过车间请厂部及有关车间、管理科室派人参加。实践证明，经济活动分析是行之有效的好方法。它可以集中群众智慧不断地实现生产技术的创新，它可以妥善及时地解决生产、技术中的具体问题，有效地增加产量、提高质量、减少消耗、降低成本、保证安全，从而取得最大的经济效果。

第十章 劳动管理

劳动力是生产力中最活跃、最积极的因素。工业企业的劳动管理，就是对企业中有关劳动方面的工作进行科学的计划、组织、指挥、协调和控制的活动。它的主要任务是：正确处理劳动者、劳动工具和劳动对象三者之间的关系，使这三者最科学、最有效的结合起来；保障职工的健康与安全；保护职工的正当权益，从而充分调动职工的积极性和创造性，不断提高劳动生产率。

第一节　劳动生产率

一、概述

1. 劳动生产率定义

劳动生产率是指人们在物质生产过程中，消耗一定数量的劳动而创造出一定数量的合格产品的能力，即劳动者在物质生产过程中的劳动效率。

劳动生产率水平可以用单位时间内所生产的产品的数量来表示。单位时间内生产的产品数量越多，劳动生产率就越高，反之，则越低。劳动生产率水平还可以用生产单位产品所耗费的劳动时间来表示。生产单位产品所需要的劳动时间越少，劳动生产率就越高，反之，则越低。

劳动生产率的提高，意味着活劳动与物化劳动的节约，其水平高低是社会生产力发展水平的重要标志之一。

2. 劳动生产率指标的计算

为了对劳动生产率进行计划、统计和考核，必须研究劳动生产率指标的计算方法。常用的计算方法有以下三种：

(1)实物劳动生产率。即按产品的具体实物计量单位(如件、台、吨等)计算,其计算公式如下:

$$\text{工人实物劳动生产率}=\frac{\text{合格产品的实物产量总数}}{\text{生产该产品的工人平均人数}}$$

实物劳动生产率是衡量企业在一定时期内,每个生产工人对社会贡献大小的尺度,是体现企业生产技术经营管理水平的综合指标。它计算简便,概念明确,可以比较直观地反映企业同类产品前后几年劳动生产率水平的变化,也可以用来比较国内外同类企业同类产品劳动生产率的高低。但也有一定的局限性,它只适用于计算和比较单一(同类)产品,而不能综合反映多种产品的总的劳动生产率。

(2)价值(货币)劳动生产率。即按产品的价值(货币)量计算的劳动生产率。通常是将产品产量按不变价格换算成工业总产值,然后计算。具体计算公式如下:

$$\text{全员劳动生产率}=\frac{\text{产品的工业总产值}}{\text{全部职工平均人数(包括学徒)}}$$

$$\text{工人劳动生产率}=\frac{\text{产品的工业总产值}}{\text{全部生产工人平均人数(包括学徒)}}$$

全员劳动生产率可以反映整个企业技术装备水平、经营管理水平和全体职工综合工作效率;工人劳动生产率可以反映直接生产工人的技术熟练水平和劳动效率。价值(货币)劳动生产率适用于那些品种复杂、规格不一的企业,以及整个工业部门、地区乃至全国劳动生产率的计算,是工业统计中一个重要经济指标。其不足之处在于因转移价值和价格与价值背离两因素的影响,不能确切的反映劳动效率的实际情况。

(3)工时劳动生产率。即以实际劳动消耗量与产量进行比较,从而计算出单位产品所消耗的劳动时间。其计算公式如下:

$$\text{工时劳动生产率}=\frac{\text{某种产品的实际消耗工时总量}}{\text{该种产品生产总量}}$$

工时劳动生产率是从时间消耗量反映生产工人的工作效率,实际是劳动生产率的时间表示法的具体运用。这种方法的优点也是便于综合反映不同种类的产品的劳动效率,并且不但可以计算产成品,也可以计算半成品和在产品。但它的缺点是,只适用于有工时定额的工种或产品,同时,还容易受工时定额准确性的影响。

3. 影响劳动生产率的因素

生产产品不仅要消耗活劳动，也要消耗物化劳动（材料、设备等），因此，生产过程中凡是影响活劳动和物化劳动消耗的因素，对于劳动生产率都有直接或间接的影响。归纳起来，影响劳动生产率的因素，有以下几个方面：

（1）有关劳动对象的因素。例如产品的设计和工艺，原材料、半成品的质量状况等。

（2）有关劳动手段的因素。例如设备的性能和机械化、自动化程度，设备的开工班次及时间长短等。

（3）有关劳动力的因素。例如工人的技术水平和熟练程度，工人的劳动积极性，劳动组织的合理程度等。

（4）有关劳动环境的因素。例如温度、湿度、照明、粉尘等相关劳动条件和劳动环境等。

（5）有关企业管理的因素。例如生产组织与计划的合理程度，工资、奖金和福利制度的合理程度等。

二、提高劳动生产率的途径

根据对劳动生产率影响因素的分析，提高劳动生产率的途径主要有以下几个方面：

1. 加速技术进步，提高技术装备水平

社会发展的不同阶段具有不同的技术水平，不同技术水平反映出人类认识与掌握客观规律的程度。较高的技术水平必然有较高的劳动生产率。

技术指生产工具体系，技术进步是生产工具的质量提高与数量增加。技术进步表现在生产过程的机械化和自动化，从而加快产品的生产速度，减少单位产品的劳动时间。

技术装备水平指生产设备、能源的先进程度和机械设备加工量在生产中所占比重。采用新能源、先进设备和提高机械加工比重，减少手工操作，能迅速提高生产效率。

我国企业提高劳动生产率在技术进步与提高技术装备水平方面应从技术革新入手，利用科研成果对老设备进行技术改造；同时根据企业自身能力引进国外先进技术和设备，逐步使生产过程机械化、自动化。

2. 加强劳动管理，不断提高工作效率

科学的劳动组织，先进的劳动定员与定额是合理配备劳动力，加强劳动管理的基础。为此，企业应根据规模大小、品种结构、生产要求，设置合理的组织机构，使各职能部门及其成员明确职责，上下左右协调关系。生产工人有明确的岗位责任制和先进合理的定额，注意在研究工时合理利用与设备效率的发挥，强化劳动计划的管理。切实做好劳动保护和生产安全以及工资、奖金福利工作。只有这样，才能做到人尽其才，物尽其用，不断提高工作效率。

3. 搞好职工培训，提高职工文化和技术水平

随着科技水平的发展，企业生产的机械化自动化水平也相应提高，使得手工操作比重逐渐降低，要求劳动者必须具备一定的技术水平和专业知识，才能操作先进的技术设备。同时，要求各类管理人员和技术人员要不断改善生产与劳动组织，改进生产技术装备和工艺过程。所有这些都需要对企业全体职工进行培训与教育。

4. 弘扬爱岗敬业的精神，培养职工对企业的归属感和责任感，鼓励员工参加民主管理，关心职工的精神和物质生活，激发他们的劳动积极性

劳动生产率的提高，除上述企业内部途径外，还受外部的宏观环境影响。我国为保障职工权益相继推出了各种政策法规，对于增进企业劳动生产率的提高，起着宏观促进作用。

第二节 劳动组织

劳动组织就是在生产劳动过程中，科学地组织劳动者之间的分工与协作，将劳动者、劳动工具与劳动对象有机地结合起来，使所有人员协调地进行工作，充分发挥劳动者的技能和积极性，不断提高劳动生产率。

一、劳动组织的任务和内容

1. 劳动组织的主要任务

(1) 在合理分工与协作的基础上，正确地配备职工，充分发挥每个劳动者的专长和积极性，避免劳动力的浪费或劳动力配备不足。

(2)根据生产发展需要，不断调整劳动组织，采用合理的劳动组织形式，保证不断提高劳动生产率。

(3)做好工作地组织和劳动保护工作，创造良好的工作环境和安全卫生条件，保证劳动者的身心健康和促进劳动生产率的提高。

2. 劳动组织的主要内容

(1) 搞好劳动分工协作和职工配备。

(2) 确定先进合理的定员和人员构成。

(3) 完善劳动协作的组织形式。

(4) 组织好设备管理。

(5) 合理安排工作时间和工作轮班。

(6) 组织好工作地。

二、劳动分工与协作

1. 劳动分工

劳动分工是根据一定的生产技术条件，把整个生产工作划分成许多部分，以便由不同的工人分别完成。劳动分工有利于工人较快地掌握业务和技术，提高劳动熟练程度；有利于组织专业化生产，发展生产力；有利于合理配备工人，发挥每个工人的技术和专长。

(1)分工原则。劳动分工必须做到合理，否则也会带来不利影响。如劳动分工过细，致使劳动内容单调乏味，从而影响劳动者的生产情绪，也会影响劳动者的全面发展，同时，也给劳动调配带来了困难，造成劳动力的负荷不均。因此，在进行劳动分工时，应遵循以下基本原则：

①按技术内容分工，即根据生产中所采用的设备、工具、操作方法及技术水平的不同，将工作划分成若干部分，分配给不同技术等级的工人。

②按工作量分工，即保证每个工人在一个工作日内须有足够的工作量。

③按一个人单独承担某项工作的可能性分工。

(2)分工方式。劳动分工一般按以下三个方式进行：

①职能分工。它是按企业职工所执行的职能进行的分工，是企业劳动组织中最

基本的分工。一般可分为：工人、学徒工、工程技术人员、管理人员、服务人员、其他人员等。

②专业和工种分工。它是职能分工之下的一种分工。各类人员可以按其工作性质的特点进行专业的或工种的分工。例如工程技术人员和管理人员可以按专业特点分为设计人员、工艺人员、计划人员、财务人员等。生产工人按其所从事工艺过程的特点进行分工，如在化工企业中可分为水煤气工、变换工、合成工等。

③技术业务分工。即每一专业内，按技术的复杂程度、责任大小可分为不同的技术等级。例如技术人员分为助理技术员、技术员、助理工程师、工程师和高级工程师，工人分为初级工、中级工、高级工等。

此外，还有基本生产工作和辅助生产工作的分工，执行性工作和准备性工作的分工等。

2. 劳动协作及其组织形式

劳动协作就是把生产工作的许多组成部分，紧密地联系起来，组成统一的有机整体。协作是保证企业进行正常生产的重要条件。它不仅可以提高个人的生产力，而且还可以创造出一种集体的生产力。有效地组织协作，可以扩大劳动的空间范围，缩短产品的生产周期，节约资源的消耗，提高劳动生产率。

劳动协作包括空间协作与时间协作两个方面。空间上的协作，其形式有车间之间、车间内部、生产班组之间、工作地之间以及工作组内部的协作；时间上的协作主要指工作轮班的协作。

(1)工作组的组织。工作组，又称作业组，它是以劳动分工为基础，把为完成某项作业而互相协作的有关人员组织在一起的集体劳动。作业组是企业劳动组织中最小的单元，是不可再分的协作劳动的群体。生产班组则既是劳动组织，又是企业生产行政管理的基层组织，一个生产班组可以由一个作业组构成，也可以由几个作业组构成。组织工作组的条件如下：

①由于劳动对象和工艺过程完整性的要求，不能把生产任务交给单个工人去完成，而必须由几个人共同完成时。例如机械产品的装配工作组、设备修理组等。

②看管大型的、复杂的机器设备，需要若干名工人共同操作时。例如高炉炉前作业组、锻压工作组、透平压缩机操作组等。

③工作任务虽能分配给个人，但需要加强领导和互相帮助者。例如纺织厂的细

纱作业组、机械加工车间的车工组等。

④工人的工作成果彼此有着密切联系，需要加强协作和配合，以保证有节奏地进行生产。例如流水线上的工作组。

⑤为了使生产的准备工作，辅助工作和基本工作紧密联系起来，可组织综合性的作业组。例如把修理工、操作工和运输工组成一个作业组。

⑥为了便于调动和分配无固定工作地或固定工作任务的工人而组织厂内运输组等。

(2)工作轮班的组织。即将工人之间的协作关系从时间上有效地组织起来，它是企业劳动组织的基本形式。采用何种工作轮班制度主要取决于企业的生产工艺特点。例如化工、冶金等企业，由于生产的工艺过程必须连续不断地进行，因此，必须组织多班连续生产。而有些企业例如机械制造企业，其工艺过程可以间歇地进行，就可以实行多班制，也可以实行单班制，还可以实行混合班制。

①单班制，每天只组织一班生产，工人按统一时间工作和休息。它有利于工人的身体健康，组织工作比较简单，管理方便，便于利用班前、班后的时间维修设备；但不利于机器设备、厂房的充分利用。

②多班制指每天组织两班或两班以上工人轮流生产。多班制又分为两班制、三班制及四班制。

两班制是指每天分早、中两班组织生产，工人一周上早班，另一周上中班，没有夜班。

三班制是指每天分早、中、夜三班组织生产。

四班制是指四个轮班，而每天参加生产的为三个班，余下一个班休息，形成“四班三运转”的实质三班制。这种轮班制八天为一个周期，周期内每班早、中、夜各做两班后，连续休息两天，此种轮班制在化工、纺织企业广泛采用。

组织工作轮班是为了充分利用厂房机器，充分利用劳动力资源，或者是适应生产工艺特点，因此在组织过程中须注意以下问题：

①合理规定轮班和轮休，以利于工人身心健康。夜班生产容易使人产生疲劳，对工人的健康有较大的影响，所以不能固定地由一些工人长期做夜班，必须在各班工人之间组织倒班。倒班就是定期地轮换工人的班次。倒班的方法有两种：一种是正倒班；另一种是反倒班。正倒班是甲、乙、丙三班工人都按早班、中班、夜班的顺序进行倒班，即原来的早班倒中班原来的中班倒夜班，原来的夜班倒早班。每周倒换

一次，三周一循环。此种倒班须尽量与公休日结合起来，以防止晚班倒早班时连续工作的问题。另一种是反倒班，即中班倒早班，早班倒夜班，夜班倒中班，每周轮换一次，三周一循环。反倒班解决了正倒班时工人打连勤的问题，但是，工人从中班倒早班，从夜班倒中班只隔八个小时，休息也不充分。倒班的两种方法都针对间断性三班制，彻底解决的办法是增加替休人员，组织工人轮休。

②加强对轮班工作的组织领导。厂部和车间、科室都要有轮班的值班人员，以便及时处理轮班生产中出现的问题。辅助工人和服务人员同样应该有夜班值勤。

③合理配备各班人员，保持生产的相对稳定。各班人员在数量上、质量上应保持平衡，并尽可能保持相对稳定。

④建立严格的岗位责任制，划清各班的职责。各班完成的任务，应当分别验收、记录和考核。要建立严格的交接班制度，加强各班之间的合作。

三、编制定员

编制定员是根据企业产品的方向和生产规模，按照节约用人、精简机构、提高工作效率的原则，制定的各类人员需要量的标准。其目的在于合理配备和使用各类人员，以尽量少的人力创造尽可能多的产品。

1. 编制定员工作的要求

(1)编制定员工作力求先进合理。既要考虑到现实的技术组织条件，又要充分挖掘劳动潜力，尽量采用先进工艺，改善劳动组织与生产组织；既要保证满足生产需要，又要避免人员的窝工浪费，还有尽量精简机构，减少不必要的人员，用提高生产效率与工作效率的方法来完成更多的任务。

(2)科学地规定各类人员之间的比例关系。包括直接生产工人与非直接生产工人的比例，基本生产工人与辅助生产工人的比例等。随着生产的发展和管理水平的提高，非直接生产人员和辅助工人的地位和作用越来越重要，所占的比例也会逐渐提高。

2. 编制定员的方法

由于企业内部各类人员工作性质不同，影响定员的因素不同，所以确定定员的具体方法不同。主要定员方法如下：

(1)按劳动效率定员。即按照生产任务(或工作量)和劳动效率来制订所需定员的人数。计算公式如下:

$$定员人数=\frac{每一轮班应完成的生产任务(或工作量)}{工人劳动效率\times出勤率}$$

式中,生产任务一般以产量或工时为单位,劳动效率为有效工作时间与定额完成率的乘积。

这种方法适用于有劳动定额的工种。

(2)按设备定员。即根据机器设备的数量、工人看管定额、设备开动班次来编制定员人数。其计算公式为:

$$定员人数=\frac{为完成生产任务所需要的设备数\times每台设备开动班次}{工人看管设备定额\times出勤率}$$

这种定员方法适用于以机器设备操作为主的工种。

(3)按岗位定员。即根据工作岗位多少,各岗位的工作量、工人劳动效率、设备开动班次和出勤率等因素来计算,也适用于无法按劳动定额来计算定员的辅助人员和服务人员。

(4)按比例定员。即按职工总数或每一类人员总数的比例,计算某类人员的定员数。这种定员方法适用于所需人员数量随企业职工总数的增减而相应增减的某一类人员。

(5)按业务分工定员。即根据组织机构、职责范围的工作量等条件确定人员。主要适用于管理人员和工程技术人员的定员。

企业在编制定员时,可以根据不同工作性质和对各类人员的具体要求灵活运用,或者结合运用以上各种方法进行编制。定员的一般步骤是:先定额、后定员;先基本车间、后辅助车间;先工人、后干部,逐步展开。

四、工作地组织

工作地是工人进行生产活动的场所,它是由一定场地面积、机器设备和辅助工具组成的。工作地组织,就是在一个工作地上,合理安排劳动者、劳动工具、劳动对象之间的关系,科学合理的布局与安排人、机、物,以促进劳动生产率的提高。

1. 组织工作地的基本要求

(1)有利于工人进行生产活动,减少或消除多余的和笨拙的动作,减少体力消耗,缩短辅助时间,提高劳动生产率。

(2)有利于发挥工作地的装备、工具以及辅助器具的效能,尽量节约生产面积和各种原材料、燃料、动力的消耗。

(3)有利于工人的身心健康,使工人有良好的工作环境和劳动条件,防止职业病,避免设备或人身事故。

2. 组织工作地的工作内容

工作地的组织工作,是企业劳动组织工作的一个重要环节;也是企业现场管理中的一个重要组成部分,其主要内容一般有以下几个方面:

(1)合理地装备和布置工作地。必须合理装配生产设备、生产工具以及必需的辅助设备;机器设备的布置要便于产品的运输与工人的操作及维修;劳动工具和辅助装置的摆放,要有固定的地点、准确的位置或鲜明的标志。

(2)保持工作地的正常秩序和良好的工作环境。原材料、在制品和产成品要堆放整齐;设备、墙壁、门窗等要擦拭干净;机器设备安装防护装置;注意厂房、设备颜色和谐;减轻生产噪声;保持正常温度、湿度与新鲜空气。

(3)搞好供应服务工作。要保证原材料、半成品、动力等的及时供应,防止停工待料;要按计划检修机器设备,防止设备临时发生故障;要及时运走已加工好的成品和半成品以及废料、垃圾,避免因存放量过大而影响正常的操作活动;要按时供应工具、图纸和其他的技术资料等。搞好工作地的供应、服务工作应以生产作业计划为依据,加强生产前的准备工作。有关部门要协同配合,为生产第一线服务。

五、多设备看管

多设备看管是指一个工人(或一组工人)在进行生产时,同时看管两台以上的机器设备。例如氯碱工业中的电解槽操作工,一般一个工人看管几十台电解槽。实行多设备看管,可以充分利用工人的工作时间,节约劳动力,降低产品成本,提高劳动生产率和促进生产管理工作的改进。

1. 基本原理

多设备看管的基本原理,就是工人利用某一台机器设备的机动时间(如设备的自动走刀时间)去完成另一台或多台机器设备上手动时间的工作。设备的机动时间越长,手动时间越短,一个工人同时看管的设备数量就越多。工人在其负责看管的设备中巡回一次所需要的时间,叫做循环期。看管循环期取决于每台设备的机动时间、手动时间以及看管设备的台数。手动时间的内容包括:完成该工序所需的机手并动时间,基本的和辅助的手动时间,工人由一台设备到另一台设备的行走时间,以及工人监视设备自动工作所需的时间。实行多设备看管的条件就是工人看管的任何一台机器的机动时间,必须大于或等于他在其他机器上的手动时间之和。

2. 类型

根据设备和加工零件的条件不同,多设备看管一般可分为以下四种类型:

(1)工人看管同一种设备加工同一种零件,每台设备完成一个零件所需机动时间同工人在其他设备手动时间相等。

此时,工人看管设备台数可以用下式计算:

$$\text{看管设备台数} \leqslant \frac{\text{设备的机动时间}}{\text{工人的手动时间}} + 1$$

此种情况下,看管工人负荷与设备负荷均为100%。

(2)看管同一种设备,加工不同零件,每台设备加工零件时间不相等。此种情况下,工人负荷不充分。

(3)看管设备不同,加工零件不同,各零件加工时间成倍数关系。此种情况下,工人负荷也不充分。

(4)看管设备不同,加工零件不同,各零件加工时间也不成倍数关系。这种情况下,工人负荷与设备负荷均不充分。

上述后三种情况下,工人看管设备台数不能采用第一种公式法来确定,而需编制多设备看管指示图表,并计算工人负荷系数和设备负荷系数,根据技术上可能,经济上合理,又不使工人过分紧张、劳累的原则,来确定合理看管台数。

第三节 劳动保护和职工培训

一、劳动保护

在劳动过程中，存在着许多不安全、不卫生的因素，如果不及时加以防止和消除，劳动者就有可能发生工伤事故和职业病。劳动保护就是为了在生产过程中保护劳动者的安全与健康，改善劳动条件，预防和消除工伤事故和职业病，实现劳逸结合等方面而进行的工作和采取的措施。

1. 劳动保护的任务

劳动保护的任务，总的来说就是保护劳动者在生产中的安全与健康，保证企业生产活动的顺利进行。具体包括以下几个方面：

(1)保证安全生产，防止工伤事故和职业病的发生。

(2)合理确定劳动者的工作时间和休息时间，实现劳逸结合。

(3)对女职工实行特殊的劳动保护。

(4)采取各种安全措施加强环境监督，防止环境污染，健全劳动保护制度。

2. 劳动保护的内容

(1)安全技术。是指为了消除生产中引起伤亡事故的潜在因素，保证工人在生产中的安全，在技术上采取的各种措施。

(2)工业卫生。是指在生产过程中，为保护职工的健康，防止和消除高温、粉尘、噪音、有毒气体和其他有害因素，改善劳动条件所采取的各种措施。

(3)环境保护。是指为了防止环境污染和破坏生态平衡所采取的各种措施。环境保护工作包括：合理规划产品，改革生产工艺，减少“三废”的产生和物料流失，加强“三废”处理和安全排放，搞好监督管理。

(4)劳动保护制度。主要由两方面的内容组成：一是生产行政管理方面的制度，如安全生产责任制度、安全教育制度、安全生产监督检查制度、工伤事故调查分析处理制度、卫生保健制度、劳保用品发放制度等；二是生产技术管理制度，如设备维护制度、安全操作规程、原材料堆放管理制度及易燃、易爆物品安全管理制度等。

3. 劳动保护的组织工作

企业劳动保护的组织工作一般由安全技术部门负责，主要应做好以下工作：

(1)建立健全安全生产责任制。建立安全生产责任制的核心是要贯彻“管生产的同时必须管安全”的原则，使企业中的生产、技术等部门和各车间都要在各自的业务范围内，对实现安全生产的要求负责。

(2)编制劳动保护措施计划。劳动保护措施计划是企业有计划地改善劳动条件，做好劳动安全卫生工作，防止工伤事故和职业病的一项重要措施。

(3)进行安全生产教育。安全生产教育是为提高职工安全生产技术水平和防范事故能力而进行的教育培训工作。安全教育的形式和方法主要有：“三级”教育、特殊工种专门训练及经常性地安全教育。

(4)建立安全生产监督检查制度。对安全生产的监督检查是推动劳动保护工作，实现安全生产的一个重要方法。通过检查，宣传安全生产方针，揭露和消除事故隐患；交流经验，推动劳动保护工作。检查内容一般应包括查思想、查制度、查管理、查隐患、查安全措施等。

(5)女职工的特殊劳动保护。主要指对女职工的平等就业权利和生产中的劳动安全健康两方面的保护。根据女职工的生理特点和在社会中承担的特殊义务，应尽可能防止女职工从事有害健康和特别繁重的劳动，在经期、孕期、产期、哺乳期，要按国家有关规定，做好女职工劳动保护工作。

(6)防护用品和保健食品的管理工作。为了保证职工在生产中的安全和健康，必须根据需要和可能，发放并管理好职工必要的劳动保护用品和保健食品。

(7)伤亡事故的处理报告工作。事故发生后要及时上报，并找出原因，查明责任，制订改进措施，防止事故再发生。

二、职工培训

1. 职工培训的概念和意义

职工培训是指为提高职工的政治、文化、技术和管理水平而进行的教育和训练。

职工培训是企业人力资源开发的一个重要内容。从职工来看，培训可以帮助职工充分发挥和利用其人力资源潜能，更大限度地实现其自身价值，提高工作满意度，增强对企业的归属感和责任感。从企业来看，对职工的培训和发展是企业应尽的责任，有效的培训可以减少事故、降低成本、提高工作效率和经济效益，从而增强企业的市场竞争力。因此,任何企业都不能对职工的培训和发展掉以轻心。

2. 职工培训的内容

职工培训的内容是以岗位标准为依据,使职工达到合格上岗为目的。培训的内容一般包括以下方面:

(1)思想政治教育、政策和法制教育、职业道德教育。

(2)岗位应具备的文化知识。

(3)岗位应有的操作技能和工作技能。

(4)岗位所必需的专业技术知识和业务知识。

(5)岗位应掌握的生产和工作规范、程序、定额、安全、质量等方面知识。

(6)与岗位有关的其他方面知识。

3. 职工培训的形式

企业职工培训要坚持"以短期培训为主、以业余为主、以自学为主"的原则,尽量减少工学矛盾,提高培训效益。培训形式应灵活多样,主要有脱产培训、半脱产或不脱产培训、业余教育和自学等形式。

职工培训的组织工作,包括确定培训需要,设置培训目标,制订培训计划,开展教育培训活动,进行培训考试和发给合格证书。现在越来越多的企业,通过校企挂钩进行培训合作,与技工学校、专科学校、职业培训专门单位或高等学校达成培训承包协议,在学校或由学校派教师来企业进行各类职工培训。

第四节 工资福利

一、工资制度

工资是以货币形式,依据职工个人的劳动技能、劳动强度、劳动责任、劳动条件和实际贡献,分配给个人的劳动报酬。良好的工资制度,有利于调动职工的积极性。

企业工资制度有等级工资制度、奖励制度、津贴制度、学徒待遇制度、结构工资制度、浮动工资制度,等等。在上述种种制度中,等级工资制度是主要制度,也是基本制度。

等级工资制度主要有两类:技术等级工资制度和职务等级工资制度。

1. 技术等级工资制度

技术等级工资制度是按照工人实际达到的技术等级来确定其工资等级和工资标准的一种工资等级制度。它由三个因素组成:技术等级标准、工资等级表、工资标准。三部分关系是:依据技术等级标准确定工资标准,两者结合形成工资等级表。

(1)技术等级标准。它是确定工人技术等级和工作物等级的依据,是用来衡量工人技术水平,划分简单劳动和复杂劳动、熟练劳动和非熟练劳动用的。它是按不同产业,不同工种工作复杂性、繁简性、精确性、责任大小,以及工人为完成该工作所必须具备的理论知识和生产技能来制订的。技术等级标准一般包括三部分:应知、应会及工作实例。应知部分规定了某一等级工人应该掌握的技术理论知识;应会部分规定了某一等级工人应该具备的实际技术能力水平;工作实例部分是根据应知、应会的要求,规定某一等级工人应该完成的典型工作项目。

技术等级标准是衡量工人技术水平、工作物技术要求的尺度。它对正确组织工资工作,确定和提高工人工资等级,开展职工培训活动,鼓励工人学习技术,合理有效地使用劳动力,促进技术和生产发展,都有重大作用。

(2)工资标准。也称工资率,就是规定在一定时间内,如一小时、一天或一个月某工资等级工人的基本工资数额。当工人完成某一技术等级的劳动定额或法定工作量后,按照对应工资标准获得的工资额称为标准工资,也称基本工资,它是劳动者按劳分配的主要部分。

(3)工资等级表。它是用来确定工资等级数目和各等级之间的工资差别的。工资等级表由工资等级数目、各等级之间工资级差以及工种等级线三项具体内容组成。

①工资等级数目。工资等级是技术等级工资标准的具体体现,是劳动技术水平和技术熟练程度的标志,其等级数目的多少取决于生产技术复杂程度和技术熟练程度水平的高低。生产技术越复杂、技术水平要求越高的行业或工种,其工资等级数目越多。

②工资级差。即工资级差技术工资等级表中相邻两个等级之间的工资标准的差额。

③工种等级线。它是指在工资等级表规定的等级数目内,不同工种所处的起点等级至最高等级的范围。一般是技术复杂、精确度高、责任重大的工种,其等级起点

要高，且等级线也长，反之，则相反。

2. 职务等级工资制度

企业的职务工资等级制度是为企业管理人员和工程技术人员规定的一种工资等级制度。它是根据上述人员所从事职务的责任重要程度、工作繁简程度来划分等级的。每一职务又划分若干等级，对应不同的工资标准，以此反映同一职务不同等级管理、技术人员之间知识、能力及工作经验的差别。

(1)职务等级工资制度特点。

①按职务规定工资标准，同一职务又划分若干等级，每一等级对应一个工资标准。

②各职务工资标准有上下范围，只要职务不变，工资标准只能在这范围内调整。

③以职定薪，同一职务人员均按同一标准获得工资。

④各职务有明确职责条例和业务标准，任何职务人员必须按条例和标准工作。

(2)职务等级工资制度构成。

①职务名称表。在职能分工的基础上，由主管部门按各职能工作内容制订统一的职务序列，依据职务序列制订职务名称表。

②职务工资标准表。职务工资标准表是由一定数目的工资等级和与这些等级相对应的职务工资标准以及各种职务工资等级线组成。工资等级数目多少由职务名称表决定，一般来说，一个企业各类职务越多，一般职务与领导职务的工作复杂程度差距越大，则职务工资等级数目就多，反之则少。

③业务标准。业务标准是各职务的业务规范，由“应知”和“业务要求”两部分组成。“应知”即规定从事某项职务所应掌握的专业理论知识；“业务要求”即从事某项职务所应具备的文化程度和专业水平。

④职责条例。职责条例是规定各个职务的主要工作内容、从事该项工作人员应负主要责任、拥有权限以及完成相应任务的具体标准。

上述等级工资制度适用于化工等技术复杂程度较高、劳动差别较大的行业及其工种，这些行业与工种实行这种工资制度，有利于鼓励职工提高技术和业务水平。

二、工资形式

工资形式是指企业核算和支付职工劳动报酬的形式。我国企业的工资形式，主要有两种:计时工资和计件工资。此外,还有辅助形式,如奖金、津贴等。

1. 计时工资

计时工资是按劳动者技术熟练程度、劳动繁重程度和劳动时间长短等因素支付工资的一种形式。它是在基本工资制度规定下,工资标准确定后,按劳动者的劳动时间来计算劳动报酬。在工人技术水平和熟练程度相同的条件下,工人之间工资收入差别,主要取决于劳动时间长短。出勤率高,劳动时间长,因而劳动数量多,所得的报酬也多,反之则少。计时工资应用范围较广,特别是机械化、自动化程度高,技术性强,产品需经多道工序和操作才能完成,而产品却不易单独计算个人产量的企业,如化工企业适宜采用这种形式。

根据计算劳动时间所采用的单位不同,计时工资又可分为以下三种具体形式:

(1)小时工资。即根据劳动者小时工资标准和时间工时计算出来的工资额。

(2)日工资。即根据劳动者日工资标准和实际工作日数计算出来的工资额。

(3)月工资。即根据劳动者月工资标准计算出的工资额。实行月工资形式时,如职工出满勤,则按预定月工资标准支付工资;如缺勤或加班则按日工资标准或小时工资标准扣发或加发工资。这种工资形式在我国企业中应用最为广泛。

计时工资的优点是计算简单,有利于提高产品质量,有利于职工身体健康。缺点是工作成果之优劣、完成数量之多少与工资无关,不易调动职工的生产积极性。

2. 计件工资

计件工资是按照职工生产合格产品的数量(或作业量)和预先规定的计件单价计算劳动报酬的一种工资形式。计件工资由工作等级、劳动定额和计件单价三个因素决定。工作等级规定了按照技术等级标准从事该项工作的工人应达到的技术水平;劳动定额是考核与衡量工人生产效率和生产业绩的尺度;计件单价则是在上述两个因素基础上规定的完成某件产品或某项工作的单位工资。计件工资计算公式为:

$$\text{计件单价}=\frac{\text{某工作等级的单位时间的工资标准}}{\text{单位时间的产量定额}}$$

$$\text{工人应得计件工资额}=\text{生产合格品数量}\times\text{计件单价}$$

计件工资的优点是使职工提供的劳动量与收入直接挂钩，有利于提高劳动生产率和企业效益。但是，在实践中，也要防止由于实行计件工资可能产生的某些副作用，如单纯追求数量，忽视质量，忽视原料等的节约；破坏前后工序在制品供需平衡；不注意职工间的团结互助；忽视健康和安全；不注意爱护设备工具；工作挑肥拣瘦，甚至弄虚作假等，为此，应建立和健全严格的检查和考核制度。实行计件工资的条件是：工作成果能够计算，质量易于检验；任务饱满，原材料、动力供应正常，产品品种比较固定；生产管理制度比较健全；主要适用于手工操作和体力劳动工种。

一些间歇化工生产车间，常用出产一批合格产品或每吨合格产品计算工人工资，这其实是计件工资的一种变形。

3. 奖励与津贴

（1）奖金。奖金是对劳动者超额劳动或超额贡献的报酬，是工资支付的辅助形式。奖金分为生产性奖金和非生产性奖金两大类。生产性奖金是对职工在生产过程中超额劳动的一种奖励；非生产性则是对职工在生产过程以外模范行为的一种奖励。奖金的发放涉及奖励形式与奖励条件。

①奖励形式。按奖励发放周期可划分为一次性奖励和经常性奖励。一次性奖励为鼓励职工在某种一次性或临时性活动中表现优秀而设，如技术革新奖、合理化建议奖等；经常性奖励是鼓励职工在日常生产过度中提供超额劳动而设，如综合奖。经常性奖励按周期长短又可分为月奖、季度奖和年度奖。按奖励条件可划分为综合奖与单项奖。综合奖是以多项考核指标为计奖条件，当职工在全面完成这些指标并提供了超额劳动时，才能计奖；单项奖则是对某项指标考核合格给以计奖，如质量奖、超产奖、安全奖、节能奖等。按奖金支付方式可分为现金支付奖励和股票奖励。现金支付是用现金直接发放给受奖人。股票奖励是企业给予一定的优惠条件，让职工持有企业的股票，提高职工对本企业的认同感和归属感。

②奖励条件。奖励条件是奖金的关键，它明确规定职工获奖的标准。企业应根据生产经营过程中的工作性质和劳动特点，制订出符合本企业具体情况的明确、具体、切实有效的奖励条件，从而达到激励职工努力工作的目的。

（2）津贴。津贴是为了补偿职工额外和特殊的劳动消耗或为了保障职工工资水平不受特殊条件影响而规定给予的补贴。津贴和奖金是有区别的，奖金发放的对象面向企业全体职工，而津贴一般主要给那些处在特殊劳动条件或工作环境的职工。

企业实行的津贴主要有以下几种：

①岗位性津贴。即为补偿职工由于在某些特殊岗位需付出额外劳动损耗而支付的津贴，如化工企业的保健津贴、夜班津贴等。

②地区性津贴。即为补偿职工由于在某些特殊地理自然条件下付出较多劳动消耗或较高生活费用而支付的津贴，如野外、林区等作业津贴。

③生活保证性津贴。即为补偿职工由于外部各种经济因素影响而使实际工资收入降低而支付的津贴，如物价补贴、副食补贴等。

三、职工生活福利

工业企业的生活福利是企业主要依靠自己的力量兴办集体福利设施，提供个人生活福利补贴等，其目的是帮助职工解决生活中的困难，改善职工生活环境，保证职工正常有效地进行劳动。

职工生活福利包括职工集体福利设施和职工个人福利补贴两个方面。职工集体福利设施，是解决职工个人难以解决的生活福利问题，如兴建职工宿舍、幼儿园、浴室；建立职工食堂；开办图书馆、阅览室、俱乐部、体育场所等。职工个人福利补贴，是为了减轻某些职工由于特殊需要而增加的额外经济负担。例如职工探亲假的路费补贴、上下班交通费补贴、生活困难补贴等。企业职工生活福利工作，是直接关系到职工切身利益的事情，企业有关部门必须认真做好这项工作，以解除职工的后顾之忧，调动职工劳动积极性，不断推动企业生产的发展。

第五节 劳动合同管理及劳动争议与仲裁

一、劳动合同管理

劳动合同是用人单位与劳动者在平等自愿、协商一致的基础上，通过书面形式，明确双方的责任、权利和义务，用经济、法律和行政手段来调节用人单位与劳动者之间劳动关系的一种用工协议。《中华人民共和国劳动合同法》已于 2007 年 6 月 29 日由中华人民共和国全国人民代表大会常务委员会第二十八次会议通过，自 2008 年 1 月 1 日起施行。

《中华人民共和国劳动合同法》第十七条规定：“劳动合同应当具备以下条款：

(一)用人单位的名称、住所和法定代表人或者主要负责人;(二)劳动者的姓名、住址和居民身份证或者其他有效身份证件号码;(三)劳动合同期限;(四)工作内容和工作地点;(五)工作时间和休息、休假;(六)劳动报酬;(七)社会保险;(八)劳动保护、劳动条件和职业危害防护;(九)法律、法规规定应当纳入劳动合同的其他事项。劳动合同除前款规定的必备条款外,用人单位与劳动者可以约定试用期、培训、保守秘密、补充保险和福利待遇等其他事项。"

订立和变更合同,应遵循平等自愿的原则,不得违反法律、行政法规的规定。违反规定或采取欺诈、威胁等手段订立的劳动合同无效。

劳动合同的终止和解除必须符合相关法律的规定。用人单位或劳动者违反劳动合同必须承担相应的责任。

二、劳动争议与仲裁

1. 劳动争议

劳动争议也称为劳动纠纷,是指劳动关系当事人之间因劳动的权利发生分歧而引起的争议。

劳动争议是一种普遍现象,但不是在任何社会形态下都存在,它是社会发展到一定历史阶段的产物。劳动争议的实质是一种与劳动有关的权利义务之争。当劳动关系的双方当事人对权利和义务的认识不能统一,在行使权利和履行义务时发生意见分歧,或权利受到侵害及义务不履行时,便容易产生劳动争议。

劳动争议不同于民事纠纷,它有自身的特点:首先,劳动争议是发生在劳动过程中的;其次,劳动争议与劳动者的切身利益相联系;第三,劳动争议是劳动关系不协调的反映,影响企业生产的顺利进行。因此,有劳动争议的存在,就要及时地进行处理。所谓劳动争议的处理是指法律、法规授权的专门机构,对劳动关系双方当事人之间发生的劳动争议,依法进行调解、仲裁和审判活动。劳动法规定劳动争议的处理机构为劳动争议调解委员会、劳动争议仲裁委员会和人民法院。同时,又规定劳动争议处理的基本形式是:依法向企业劳动争议调解委员会申请调解;向劳动争议仲裁委员会申请仲裁;向人民法院提出诉讼;当事人自行协商解决。

2. 劳动争议仲裁

(1)劳动争议仲裁的概念。仲裁亦称"公断",是指争议双方在某一问题上无法取得一致时，由无利害关系的第三者居中调解，做出裁决。

劳动争议仲裁是指以第三者身份出现的劳动争议仲裁委员会，对劳动争议当事人双方争议的事项，根据劳动法律、法规和政策的规定，依照一定的法律程序做出裁决，从而解决劳动争议的一项劳动法律制度。它具有及时、程序和具有法律约束力的特点。

(2)劳动争议仲裁的原则。劳动争议仲裁的原则是指劳动争议发生后，当事人双方和劳动争议处理机构在解决纠纷过程中，应当共同遵守的行为准则，具体来说主要有以下几个：

①调解原则。指劳动争议仲裁委员会在裁决前，可以先行调解，经过调解不能达到协议，应及时仲裁。贯彻调解原则，应注意防止强行调解和久调不决的做法。

②及时迅速原则。这一原则要求劳动争议仲裁委员会在处理劳动争议案件时，必须严格依照法律规定的期限结案，尽快地解决争议。贯彻这一原则是有劳动争议特点决定的。

③一次裁决原则。指劳动争议仲裁委员会对每一起劳动争议案件实行一次裁决，即行终结的法律制度。贯彻这一原则，当事人不服劳动争议仲裁委员会的裁决，不得向上一级劳动争议仲裁委员会申请第二仲裁，只能在收到仲裁决定书之日起十五日内，向有管辖权的人民法院起诉。期满不起诉的仲裁决定书发生法律效力，当事人必须按仲裁决定履行。

第十一章 职业道德

在社会实际生活中，职业生活是道德调节的特殊领域。与社会一般道德要求相比，职业道德是社会一般道德要求在职业生活中的具体体现，它更直接地反映着社会道德的要求和道德面貌。对于一个人来说，职业实践也是其全部生活的最重要的内容。人们要满足自身的物质、文化生活的需要，推动社会的发展，就必须从事一定的职业活动，并遵守一定的职业道德。科学的职业道德观念，对于人们的职业活动行为选择和贡献大小，具有积极的导向作用、调节作用和激励作用。因此，引导人们自觉地遵循职业道德的基本原则和规范，促进从业人员思想道德品质的完善和发展，不仅是职业人员创造理想人格和光辉人生的需要，也是社会发展的客观需要。

第一节　职业道德教育

一、职业及职业道德的内涵

职业是人们在社会生活中对社会所承担的一定的职责和所从事的专门事务。职业的要素主要有三个方面：一是谋生；二是承担社会义务；三是促进个性的健康发展。以谋生为手段的劳动才是职业劳动。人类的职业生活是一个历史范畴，它随着人类生产和需要的发展而日趋复杂，经过无数次的分化和组合，形成现代社会的千百种职业和行业，在经济、政治、文化、教育、科学等各个领域，形成了错综复杂的职业关系。各种不同的职业生活、职业关系，便形成了不同的职业道德。

职业道德是一般道德要求在职业生活中的具体体现。所谓职业道德是指从事一定职业的人们在工作和劳动过程中所应遵循的道德行为规范，以及与之相应的道德观念、情操和品质。它包括职业观念、职业情感、职业理想、职业态度、职业技能、职业纪律、职业良心和职业作风等方面的内容。在任何时代，职业道德都是当时社会或阶级的道德在各个职业活动中的特殊表达和具体贯彻。职业道德的本质属性是显而易见的。首先，职业道德是社会经济关系的产物，是根植于社会经济关系之中的道德关系，它反映了社会各个行业的整体利益。其次，职业道德同其他道德一样，有着自身存在的必然性，它以特殊方式调节职工与他人、职工与集体、职工与国家之间的利益关系。再次，职业道德建设的根本目的是服务于人民群众，服务于经济建设，保障整个社会经济生活的正常秩序，促进社会经济的健康发展。

二、职业道德的主要特征

1. 适用范围的有限性

这种有限性反映在两个方面：其一，职业道德是专门针对成年人在职业活动中的行为，成年人在职业活动以外的行为不受职业道德的约束；其二，不同行业的职业道德规范有其自身的行业特点，一种行业的职业道德规范只适用于本行业的职业行为，而对其他行业的职业行为不适用，如机要人员"严守秘密，守口如瓶"的职业道德要求，显然不适用于咨询服务人员。

职业道德与职业活动紧密相连，使得职业道德带有独特的职业色彩。例如医生的职业道德是"救死扶伤"、"防病治病"，实行人道主义；商业人员的职业道德是"公平交易"、"童叟无欺"；"热爱化工事业、热爱工厂、热爱本职工作"应是化工企业职工的起码职业道德。

2. 内容的稳定性和连续性

由于人类社会生活是一个连续不断的过程，社会分工所形成的职业具有继承性和相对稳定性，因此，同一种职业在不同的历史时期所承担的社会责任具有相对稳定性和继承性，如医生的职责是治病救人，它并不会因社会的变迁而有所改变。相应的职业道德的基本要求就会代代相传，形成稳定性和连续性特征。当然，这种稳定性和连续性并不意味着职业道德的一成不变。应坚持历史唯物主义的观点和方法，从浩瀚的历史文化中摒弃糟粕、汲取精华、推陈出新。

3. 形式的多样性和鲜明性

因为人类社会生活中的职业生活是多种多样的，而每一种职业道德都是一定职业生活的道德要求，因而职业道德也表现出多样性。可以说，有多少种职业就有多少种职业道德。而且,随着社会生产和科学技术的不断发展,新兴行业在不断产生,与之相应的职业道德也在不断涌现,它们各具特色、种类繁多,共同丰富和发展着整个职业道德的领域。另外,职业道德在表现形式上也是多样的,如规章、条例、守则、公约等,以简明扼要、具体生动、便于记忆、利于遵循为原则。

4. 功能的适用性和成熟性

由于职业道德使用范围的特定性决定了职业道德应与本行业的具体业务和人们的实际状况相适应。职业道德是走上社会的成人的道德意识和道德行为,这种道德意识与道德行为是道德主体自觉、自为、自律的产物,是道德意识和行为成熟的阶段。

三、职业道德教育的作用和基本原则

1. 职业道德教育的作用

企业有组织、有计划地进行职业道德实践活动,对职工树立正确的职业道德观具有重大的作用。具体表现在以下几个方面:

(1)职业道德教育能使职工树立良好的职业道德观,确保工作顺利完成。职工在工作中,个人与服务对象之间,个人与集体之间,个人与社会之间经常会出现矛盾。这些矛盾除通过经济手段、法律手段去调整解决外,还有许多要靠职业道德来协调。树立良好的职业道德观,有助于改善劳动中人与人之间的关系,增进职工之间的理解和团结,同时,能促使不同职业的职工能相互支援、相互帮助,确保工作顺利完成。

(2)能够促进社会经济基础的巩固和发展。职业道德是经济发展的产物,它反过来又能促进经济发展。通过开展职业道德教育,能促使职工认清自己对社会应承担的责任和应尽的义务,激发职工的主人翁精神,以强烈的责任感参加社会经济改革和职业劳动,从而推动社会经济的发展。

(3)有助于提高整个社会的道德风尚。社会风尚是人们精神面貌的综合反映,但归根结底是现实社会关系的综合反映。作为职业道德本身要受社会风尚的制约,同时也会对社会风尚发挥影响。如果人们有高尚的职业道德,能自觉地遵循职业道德规范,彼此间互相帮助、互相支持、方便他人、热情服务,以“为人民服务”为自己工作的目的,那么就会形成良好的社会关系和社会道德风尚。在社会生活中,人们把医务人员称为“白衣天使”，把教师称为“人类灵魂的工程师”……都是职业道德对社会道德风尚产生积极影响的例证。

2. 职业道德教育的基本原则

职业道德教育的基本原则是调节、指导和评价人们职业行为的基本精神和标准。职业道德教育有三条最基本的原则：教育职工为民众服务、以主人翁态度对待职业劳动和团结协作。这三条基本原则从本质上讲是一致的，但是又有主次之分。为民众服务是最基本的原则，它是职业道德教育中所有的原则、规范的核心。

第二节　职业道德的培养

良好的职业道德和道德行为，不是职工头脑里固有的，而是通过多种途径、多种方式长期作用、影响的结果。职业道德的养成一般经过以下三个过程。

一、掌握职业道德知识

职工只有深入了解职业道德规范以及为什么要这样规定，才可能认真地、自觉地履行这些规定。对职业道德知识的掌握和理解不同，表现在行为上会有较大的差异。所以对职业道德规范的基本要求和职业道德修养的概述如下：

1. 职业道德规范基本要求

(1)职工热爱自己所从事的职业。职工热爱自己所从事的职业，忠于职守、尽职尽责。这是热爱本职工作，有事业心和责任心的良好职业道德的具体表现。为了很好地完成工作任务，职工应做好以下几点：

①了解职业的重要作用，热爱本职工作。

②明确岗位职责，了解岗位的基本要求。

③加强责任感，自觉地、高质量地完成工作任务，不应付、不马虎、不玩忽职守。

④努力学习科学文化知识，钻研业务、熟练掌握专业技能，不断提高履行职责的业务水平。

⑤处理好局部和全局的关系，明了任何岗位都是整体工作系统中的一个环节，

主动调节与友邻的关系，不搞本位主义。

⑥坚持原则、秉公办事、依法办事，不滥用职权、不以权谋私。

(2)职工应遵守职业纪律。职业纪律是职工在生产中必须遵守的行为规则。它是维持职业活动正常进行和履行职业责任的保证。职业纪律一般包括组织纪律、劳动纪律、财经纪律、群众纪律等，化工企业强调较多的还有工艺纪律。

①组织纪律。在社会主义制度下，组织纪律的基本原则是民主集中制。其内容是：实行民主管理，少数服从多数，下级服从上级，按组织原则和组织手续办事，坚持在集中指导下的民主和在纪律约束下的自由，等等。任何违反组织纪律的行为都会给工作带来损失。

②劳动纪律。它是维持正常生产秩序的保证，包括考勤纪律、质量要求、安全纪律等方面，每个职工都必须遵守。在岗工人不得无故缺勤、迟到、早退、串岗、脱岗。

③财经纪律。遵守国家的财经政策和法令，坚持原则，按国家规定的财经制度办事。避免贪污、浪费，爱惜公家财产，勤俭节约，廉洁奉公，维护国家和集体利益。

④群众纪律。坚持为人民服务的思想，方便客户，服务客户，为用户排忧解难，信守合同，保质保量。

⑤工艺纪律。严格按操作规程进行操作，不得擅自更改控制指标和违规操作。

(3)职工应讲文明礼貌。职工讲究文明礼貌，是建立和发展现代社会人与人之间新型关系的基本要求。具体表现在以下几个方面：

①职工应遵守秩序，言必有信。职工在与人交往中，遵守约定的时间，不失约，不浪费对方的时间是极为重要的礼貌。如遇有特殊的无法克服的困难时，要诚恳道歉，说明理由。对于已签订的合同或许诺，不能单方面擅自撕毁或不执行，维护企业的声誉和形象。

②职工应敬老尊贤，通情达理。职工对有经验的人，德高望重的人应当尊重，而不能嫉贤妒能，贬低知识价值。在生产中，要理解体谅他人，严于律己、宽以待人。对工作有意见要通过正常渠道反映。

③语言文明，待人和气。在交往中的语言反映着一个人的学识、风度和修养。职工在交往中，要学会倾听，较好地理解对方的意思，尊重对方。在讲话时，要态度和蔼，言之有理，言之有物，言之有趣。做到“温厚、善良、谦恭、廉俭、礼让。”以达到和谐的交往。

④职工应举止优雅，服饰整洁，讲究卫生，仪表端庄。职工举止要庄重大方，不

粗俗暴躁，不吊儿郎当，乱用绰号等。服饰要有利于工作和有利于安全，创造一个良好干净的工作环境。

(4)职工应建立和维护团结、互助、合作的职业人际关系。企业内部，职工之间应密切合作，取长补短，相互配合、相互支持、识大体、顾大局，相互尊重、相互理解、尊师爱徒，企业之间的职工应互通信息，互相促进，共同发展。

2. 职业道德修养

职业道德修养是指从业人员在职业活动实践中，按照一定社会或阶级的职业道德基本原则和规范，在职业道德品质方面的"自我锻炼"和"自我改造"，以使自己形成高尚的职业道德品质和较高的道德境界。

职业道德修养是职工个体主动地、积极地进行职业道德的自我培养和教育、自我完善和提高的重要形式。它是从业人员提高职业道德的内在动力。那么，如何将职业道德规范转化为我们内在的职业道德修养呢？这要靠职工自我培养和长期坚持。为此，要做好以下几点：

(1)努力学习，树立高尚的道德理想。道德理想为道德修养指明方向和目标。道德修养本身就是个人不断地自我学习、自我教育、自我反省和自我改造的过程。我们只有不断地努力学习，才能以高尚的道德标准来要求自己、激励自己。

(2)经常反躬内省。就是要有自知之明的态度，经常检查自己的道德行为，了解自己所具有的道德水准或处于什么样的道德境界。反躬内省，就是自我解剖，展开道德观念的争斗，通过内省，促进正确的道德观的形成。

(3)确立明确的道德目标。在道德修养过程中，要给自己树立一个所要追求的楷模，使之学有榜样、学有方向。这样，才能对自己的言行起到自励、自鉴的作用。

(4)从严要求、善于自律。每个职工在日常生产和工作中都会遇到各式各样的矛盾，在处理这些矛盾的过程中，表现出什么样的道德行为，直接反映出职工个人的道德修养程度。我们在处理各种矛盾时，要克己自律，从严要求自己。

二、产生职业道德情感

职业道德情感，是指人们对现实生活中的职业道德关系和职业道德行为的好恶情绪。产生职业道德情感包括职业责任感、职业正义感、职业荣誉感和职业幸福感等。

1. 职业责任感

职业责任感是指从事某种职业的人们对社会、集体应承担的义务和应负的责任。一个具有强烈职业责任感的人，必然是一个能自觉履行社会义务、具有较高道德觉悟的人。行业不同，职工承担的责任不同。化工企业职工的责任感就是坚守岗位、严格按岗位责任制度操作，生产出高质量的产品，以满足用户的需要。

2. 职业正义感

职业正义感就是以公正、平等为前提，用公正的态度来对待和处理人与人之间的关系，维护国家的利益和人们的合法权益，维护国家的政治、法律、政策，维护纪律。职工的职业正义感表现为平等的对待客户，维护本行业的各项规章制度，维护国家的各项政策、法令，敢于同一切违反政策、法令和各项规章制度的现象作斗争。坚持勤俭节约，敢于抵制浪费国家和集体财产的不良现象。

3. 职业荣誉感

职业荣誉感是人们履行自己的职业责任，对社会作出贡献后得到的肯定评价，如受到表扬和尊敬等。每种职业的从业人员都有自己的荣誉感。个人为社会作出了贡献，应该得到荣誉。但一个有道德修养的职工应该正确对待荣誉，正确认识个人荣誉、集体荣誉和国家与民族荣誉之间的关系，不要图虚荣，应把国家和民族的荣誉放在高于一切的位置上，为企业多争得荣誉。

4. 职业幸福感

职业幸福感是人们在社会实践中感受到实现了自己的目的和理想而产生的一种精神上的满足。个人主义者往往是追求个人的幸福，并且不惜损害集体利益而把自己的幸福建筑在别人的痛苦的基础上。但是，没有人民整体幸福，就没有个人的幸福。个人幸福只有在人民的幸福不断增长中才能得到保障，个人也只有在为人民服务中作出贡献，得到人民的尊重和荣誉，才能在内心里真正得到幸福的感受。企业职工应加强道德的修养，在自己的岗位上，在为实现崇高的目标和理想的奋斗中找到自己的幸福。

三、养成职业道德行为

所谓职业道德行为是指人们在一定的职业道德认识、情感、信念、意志的支配下所采取的职业道德活动，它是职业道德规范转化为职业道德活动的具体表现。

1. 道德行为的特征

道德行为具有三个基本特征，即道德行为具有自知性 、自主性、相关性。

（1）道德行为具有自知性。道德行为是基于自觉意识而做出的行为。行为者知道自己行为的性质、意义和价值，行为者在行为之前就有对人、己关系的自觉认识，知道自己行为对于他人、社会的影响及后果。

（2）道德行为具有自主性、自择性。道德行为是自愿、自择的行为。一方面要有意识自主、自愿，另一方面是依据一定的道德准则，出于对道德准则的深刻理解。

（3）道德行为具有相关性。道德行为不是孤立的个人意志的表现，而是与他人意志有着本质联系的行为，是与他人和社会的利益相联系的行为。凡有利于他人、有利于社会集体的行为，则是道德行为；反之，为不道德的行为。

2. 道德行为的选择

所谓选择是指人们在面临多种行为方案时，选择其中某种方案，放弃其他方案的活动。人生经常面临各种抉择，选择活动在人生中占据重要的位置。所谓道德行为选择是指人们在面临特殊场合时，根据对某种道德规范体系的认识，选择某种方案。道德行为选择是道德行为发生前的思维过程，是人们在一定道德意识支配下，在善恶之间，不同道德价值之间进行取舍的一种特殊的道德活动。人们在选择道德行为时，一是必须有客观环境提供选择的可能性，当客观条件尚未提供选择的可能性时，人们不可能超越时代、超阶级地去选择不可能存在的行为；二是行为主体的意志必须自由，没有人们的意志自由和选择能力，也无法进行道德行为的选择。

道德冲突是人们在道德行为中要遇到的一种特殊情况。所谓道德冲突是指在同一行为下，不同道德原则和道德规范对人们的要求不同，迫使人们做出抉择和取舍。人们必须为执行某个道德规则或规范而放弃另一个道德原则或规范，为了实现某种道德价值而牺牲另一种道德价值。道德冲突有两种类型：一种是在同一道德体系内不同道德原则、道德要求之间的冲突；另一种是不同道德体系之间原则规范之间的冲突。对道德冲突的道德选择时，必须进行性质分析、价值比较和社会利益均衡。

企业职工应在保障集体利益和社会利益的前提下养成良好的职业道德行为习惯，习惯了就能成自然。但习惯的养成仍需要一番艰苦的磨炼，需要日积月累，以达到“积小善，成大德”。

第三节 化工生产中的职业道德与文书事务管理

一、化工生产中的职业道德

行业不同，其职业道德的侧重点有所不同，这是由职业道德形式上的多样性所决定的。化工生产中职业道德的特点应突出以下几个方面：

1. 热爱化工事业

热爱化工事业、热爱工厂、热爱本职工作。企业职工只有对化工企业有强烈的归属感，只要在内心深处真正热爱化工事业、热爱工厂，才能将自己完全投入到化工生产中去，才能充分发挥自己的主人翁精神和创造性，才能把本职工作做好。

2. 树立“文明生产、安全第一”的思想

企业职工应创造良好的生产环境和生产秩序。半成品和零部件用专门的器具盛放；杜绝环境的脏、乱、差和管道的“跑、冒、滴、漏”；按照安全规程和操作规程工作；遵守劳动纪律，学习安全技术知识；提高警惕，防止事故；保障人身安全。化工企业中经常有一些有毒物质如汞、苯、砷、酚、氯、硫的化合物以及放射性物质等，如不小心防范，就会危及职工自己和其他职工，引发职业病。

3. 严格执行岗位责任制

化工产品的生产涉及许多化工原料、燃料、设备、工序。岗位责任制把企业所有严密分工的职工有机地组织起来，使环环相扣的各道工序协调起来，保证企业的正常生产秩序。所以，化工企业应加强职工职责管理，使职工自觉地把自己的岗位工作做好，严格执行岗位责任制，严格按程序、按路线、按时间、按标准、按操作指令操作。

4. 加强竞争意识，发扬团结合作精神

随着经济全球化的迅猛发展，企业竞争愈演愈烈，高素质的职工是竞争的关键因素之一。因此，职工应强化自重、自强、自立的竞争意识，以积极态度参与竞争，努力提高文化知识水平，不断学习新技术、新方法、新工艺，提高实际竞争能力。在竞争的同时，又要互相帮助、摒弃私心，消除嫉妒，增进友谊，真诚团结。只有这样，社会化分工协作才能完成好，企业的凝聚力才能真正得以加强。

5. 精心爱护设备，厉行节约

化工企业职工应勤俭节约，爱护生产设备，精心保养、维护设备，防止设备的过度磨损，不浪费化工原料、燃料，搞好生产双增双节工作。

6. 加强技术学习，提高质量意识

化工生产线上的职工应熟悉化工产品的生产流程、配方及各化学反应方程式，掌握化工设备的型号、规格、性能及应用范围。熟练、安全地操作设备，准确填写各种记录和各种报表。并能用准确言语与有关人员交流生产情况，能适应由于设备更新或更换对生产的新要求，全面完成生产任务，对产品质量高度负责。在生产中如果发现质量问题应能分析原因，提出解决方法或反映有关情况，克服小生产习气，强化大生产意识和习惯，生产优质产品，满足广大用户需要。

化工生产中各级各类科技人员和管理人员在不断提高职业道德修养的同时，还应对企业文件材料进行有效管理。

二、化工生产中的文书事务管理

1. 化工生产中的文书概念及特点

化工生产中的文书是指化工企业在从事生产经营活动中，按照客观规律和一定的程序，直接形成的原始的和真实的记载。例如化工生产产品部门管理目录、化工销售统计报表、供货合同执行情况年报、供货合同执行情况月报、化工产品销售情况表、化工产品出口情况季报、进口化工产品到货情况总结表、企业产品销售日报、领料台账等。化工生产文书直接来源于企业，并为企业生产经营和企业发展服务。它具有以下特点：

(1)综合性。化工生产文书来自于企业内部各生产车间和管理科室，由于工作

内容和职能范围不同，各部门形成的文字资料只反映企业的一部分工作状况，它们的总和才能够反映企业整个生产经营活动的实际情况。但是，企业各类材料必须是系统完整的，能反映企业各项职能活动的材料，而不应是支离破碎、互无关联的材料。从整体来看，企业生产文书是企业生产活动的全面反映和系统记载，具有综合性特点。

(2)多样性。化工企业生产文书的多样性主要反映在两个方面：一是化工企业种类繁多，记载企业生产活动的文书因企业而异，呈现多样性的特点；二是在化工企业内部，由于各部门工作内容不同，形成的文书在内容、规格上也存在着较大的区别，反映出企业文书多样性的特点。

(3)本源性。化工生产文书是形成于企业各生产车间、职能科室的第一手材料，是最原始的记录。它与企业从外部搜集来的资料不同，它真实地记载和反映本企业各项工作活动的状况，具有明显的原始凭证和法律依据的作用，具有本源性的特点。

(4)现行效用性。任何企业不可能静止地、孤立地存在，它会存在于一个特定的环境之中，而环境总是在变化的，因此企业要根据外界环境的变化，随时对企业内部各项工作做出相应的调整。记载与反映企业内外部环境变化的企业文书要为正确决策与改善经营管理服务，也就必然具有现行效用性的特点。

了解企业文书的上述特点，有助于企业对文书实施有效的管理，提高工作效率。

2. 化工生产中的文书事务管理概念及内容

化工生产文书事务管理是指遵循化工企业生产经营活动的规律、程序和特点，科学地形成与管理企业生产的文件材料，充分发挥其作用的一项工作。其主要内容包括：

(1)化工企业生产文书的形成及运转。化工生产文书的形成是指生产中书面文件的拟办、表格的填报、图纸和技术文件的绘制与复印，以及音像文件的录制、机读文件的输入等。凡企业文书都要依据有关的规范与标准予以记载、录制或输入到一定的载体材料上，并保证其形成的质量。化工企业文书的运转是指发挥企业文件材料的工具和纽带作用，在文件材料的传递、登记、验收、更改、复制和借阅利用等工作中做到迅速、及时、准确和保密。化工生产文书的运转包括企业管理文书的运转、技术和工艺文书的运转、会计文书的运转和职工个人历史文件材料的运转等。

(2)化工生产文书的积累。化工生产文书的积累是指企业生产中形成的文字材料的集中保存。积累的基本要求是保持企业生产文书的齐全、完整、正确和系统。

(3)化工生产文书整理。化工生产文书整理是将已经办理完毕应当归档的零散文件材料经过鉴别,依照一定的原则和方法组成案卷,并进行案卷编目工作。这既是企业文书积累工作的继续,又是企业文书的归档的必要条件。一般讲,未经过系统整理的企业文书,不允许向企业档案部门移交归档。

(4)化工生产文书归档。化工生产文书归档是指将已经办理完毕,具有保存价值并经过整理的企业文书,按照归档制度,随时或定期移交到企业档案部门。在这一过程中,一定要保证归档案卷的质量符合国家标准。

3. 化工生产文书事务管理的基本要求

对化工生产文书事务管理主要有以下三个方面的要求:

(1)准确性。化工生产文书是化工企业组织化工生产、经营活动的工具和纽带。它的准确、周密与否,将直接影响到化工生产管理的效率与质量。因此,必须依据有关的规范和标准,确保每一份文件材料的准确性。

(2)时效性。化工生产中的各类文书材料,都是按完成一定的任务而产生的。往往有时间性。因此,提高企业文书运转速度,使之及时、迅速地传递与处理是十分必要的。它要求有关人员具有较强的时间观念,在文件处理过程中,要分清轻重缓急,快速承办。

(3)安全性。化工生产中的文书有些是记述企业内部经济、生产管理秘密的文件。一旦失密、泄密,会给国家和企业造成不应有的损失。因此,在管理中一定要依据有关的规定,严格登记和签收手续,明确保密责任,机密件要派专人护送,建立、健全保管制度,确保企业文件材料的安全。

4. 化工生产文书管理的形式

化工生产文书管理依据企业不同可以归纳为以下三种形式:

(1)集中管理。集中管理这种形式一般用于小型企业。具体方式有两种。一种是企业生产经营的各类文书,统由办公部门管理。另一种是办公部门只集中管理化工生产中的各种管理文书资料,生产技术部门集中管理各种专业技术性资料。

(2)集中与分散相结合的管理。集中与分散相结合的管理适用于企业职权范围大,内设职能机构层次多,文件材料数量也多的大中型企业。一方面是在企业的厂长办公室设专职人员，负责管理厂级的文件材料，在各管理职能部门分别设兼职人员，管理本部门形成的文件材料。另一方面是在总工程师办公室或生产综合管理部门设专职人员，管理全局性的技术文件材料。在专业技术职能部门设兼职人员，管理本部门形成的技术文件材料。劳动人事部门设专职人员管理干部、工人的文件材料。

(3)一体化管理。一体化管理是一种新的管理模式。即把企业中的各类文件材料、档案、图书资料等的管理纳入企业信息系统，由信息中心统一指挥协调控制，发挥企业信息整体的功能。这种模式有利于消除“信息孤岛”，企业可设立信息主管，即 CIO。无论哪一种管理形式，都应借助计算机和计算机网络进行管理，一体化管理形式更应如此。

参考文献

[1] 申元月,张鸿萍. 生产运作管理[M]. 济南:山东人民出版,2000.

[2] 蔡世馨,于晓霖. 现代生产管理[M]. 大连:东北财经大学出版社,2004.

[3] 化学工业部教育司,化学工业部教育培训中心. 化工生产管理知识[M]. 北京:化学工业出版社,1997.

[4] 刘史煌. 化工企业管理、安全和环境保护[M]. 北京:化学工业出版社,1998.

[5] 宋航,付超. 化工技术经济[M]. 北京:化学工业出版社,2002.

[6] 杨善林. 企业管理学[M]. 北京:高等教育出版社,2004.

[7] 王凯全. 石油化工安全概论[M]. 北京:中国石化出版社,2006.

[8] 周忠元,陈桂琴. 化工安全技术与管理[M]. 北京:化学工业出版社,2002.

[9] 中国石油化工集团公司安全环保局. 石油化工安全技术[M]. 北京:中国石化出版社,2004.

[10] 龚益鸣. 现代质量管理学[M]. 北京:清华大学出版社,2003.

[11] 李晨. 国内外化工发展趋势[J]. 河北化工,2006,7:1 - 3.

[12] 朱永涛. 2004 年化工企业分析报告[R]. 化工管理. 2005,7:18 - 20.

书目：推荐图书

类别	书名	作者	定价(元)
工具书	【现代纺织工程】		
	聚酯纤维科学与工程	郭大生等	100.00
	化学助剂分析与应用手册(上、中、下)	黄茂福	550.00
	洗衣店经营手册（赠两张光盘）	北京布兰奇洗衣服务有限公司等编	70.00
	聚酯纤维手册(第二版)	贝聿泷	30.00
	英汉化学纤维词汇(第二版)	上海化纤(集团)有限公司等	80.00
	英语化学化工词素解析	陈克宁	28.00
本科教材	化工设计(部委级)	罗先金	38.00
	轻化工清洁生产技术(部委级)	但卫华等	36.00
	聚合物化学(双语教材)	约翰·W.尼科尔森	35.00
	合成纤维(双语教材)	J.E.麦金太尔	35.00
	纺织品设计手册(双语教材)	杰奎·威尔逊	35.00
	有机波谱分析(双语教材,英文原音朗读)	R.J.安德森	38.00
	有机合成方法(双语教材,英文原音朗读)	詹姆斯.R.汉森	38.00
	高分子材料生产加工设备	张瑞志	38.00
	高分子材料加工原理	沈新元	45.00
	高分子材料加工工艺学	邬国铭	45.00
	高分子物理学(第二版)	梁伯润	35.00
	高分子化学(第二版)	余木火等	34.00
	微型高分子化学实验技术	马立群等	15.00
	绿色化学通用教程	汪朝阳	28.00
	重要有机化学反应及机理速查手册	汪秋安	32.00
	物理化学实验	刘廷岳	35.00
	高分子化学和物理	赵振河等	46.00
生产技术书	【材料新技术丛书】		
	过滤介质及其选用	王维一　丁启圣	50.00
	高分子材料改性技术	王琛	32.00
	超细纤维生产技术及应用	张大省　王锐	30.00
	功能性医用敷料	秦益民	28.00
	材料科学中的计算机应用	乔宁	30.00
	形状记忆纺织材料	胡金莲等	30.00
	高性能纤维	马渝茳	40.00
	先进高分子材料	沈新元	32.00
	高分子材料导电和抗静电技术及应用	赵择卿等	46.00
	【化学品实用技术丛书】		
	水基型喷墨打印墨水	朱谱新等	26.80

书目：推荐图书

生产技术书

书名	作者	定价(元)
特种表面活性剂	王军	29.80
离子液体的性能及应用	王军	34.00
化妆品配方设计与生产工艺	董银卯	32.00
造纸化学品及其应用	毕松林	30.00
荧光增白剂实用技术	董仲生	42.00
合成洗涤剂及其应用	唐育民	34.00
【实验室理论与操作实务丛书】		
化学实验员简明手册·实验室基础篇	毛红艳	28.00
化学实验员简明手册·化学分析篇	韩润平	30.00
化学实验员简明手册·仪器分析篇	韩华云	30.00
危险化学品速查手册	王林宏	28.00
轻纺产品化学分析	Qinguo Fan[英]	34.00
【精细化学品实用配方精选】		
表面处理用化学品配方	黄玉媛等	32.00
清洗剂配方	黄玉媛等	32.00
粘合剂配方	黄玉媛等	32.00
涂料配方	黄玉媛等	38.00
化妆品配方	黄玉媛等	42.00
【涂料与涂装实用技术】		
水性建筑涂料生产技术	陈泽森　刘俊才	36.00
功能涂料及其应用	童忠良等	32.00
涂料与涂装疵病分析	陈素平等	35.00
【塑料加工实用技术丛书】		
塑料制品成型设备与模具	金灿	36.00
塑料制品成型工艺	杨东洁	36.00
塑料制品加工技术	邹恩广	36.00
【其他】		
化工企业管理	方真	36.00
印染企业管理手册	无锡市明仁纺织印染有限公司	35.00
纺织品质管理手册	张兆麟	36.00
现代印染企业管理	吴卫刚等	35.00

注　若本书目中的价格与成书价格不同，则以成书价格为准。中国纺织出版社市场营销部门市、函购电话：(010)64168231。或登陆我们的网站查询最新书目：中国纺织出版社网址：www. c – textilep. com